家用电器使用与节能

苏更林　编著

金盾出版社

内 容 提 要

本书是专门为城乡家庭科学使用家用电器而编写的科普读本，分为使用篇和节能篇两大部分，主要从健康、安全和节能 3 个方面介绍了家用电器的使用技巧，并广泛涉猎了家电领域的最新技术和成果，是一本适合广大城乡居民阅读的家用电器使用指南。

本书贴近生活、深入浅出、通俗易懂、图文并茂，适合具有初中以上文化程度的各类人员阅读。本书为城乡居民家庭的必备读物，还可作为广大中小学生学习家电安全和节能知识的课外读物。

图书在版编目（CIP）数据

家用电器使用与节能/苏更林编著. —北京：金盾出版社，2017.1

ISBN 978-7-5082-9933-4

Ⅰ. ①家… Ⅱ. ①苏… Ⅲ. ①日用电气器具—基本知识 Ⅳ. ①TM925

中国版本图书馆 CIP 数据核字（2015）第 000686 号

金盾出版社出版、总发行

北京太平路 5 号（地铁万寿路站往南）

邮政编码：100036 电话：68214039 83219215

传真：68276683 网址：www.jdcbs.cn

封面印刷：北京印刷一厂

正文印刷：双峰印刷装订有限公司

装订：双峰印刷装订有限公司

各地新华书店经销

开本：850×1168 1/32 印张：10.75 字数：266 千字

2017 年 1 月第 1 版第 1 次印刷

印数：1～4 000 册 定价：35.00 元

前　言

家用电器走进千家万户，大幅度提升了城乡居民的生活质量。空调器和电冰箱等家用电器的普及，已经把人们的夏日生活装扮得清爽宜人，自然不会再有杜甫“仲夏苦夜短，开轩纳微凉”的苦恼。洗衣机等家用电器的普及，则把中国妇女从繁重的洗衣劳动中解放了出来，从而使李白笔下的“长安一片月，万户捣衣声”成为了一个遥远的记忆。各种厨房电器的诞生，更是为妇女远离灶台、走出家庭创造了条件，从而可以腾出更多的时间从事经济和社会事业。

与我们形影不离的手机，一向被认为是现代意义上的“顺风耳”。它超越了时间和空间的限制，使得“天涯若比邻”变成了现实。电视机作为一种重要的广播和视频通信工具，不仅是社会公众获取政治信息的主要来源，同时也是人们享受文化生活的重要平台。电脑更是为国际互联网的诞生铺平了道路，使得移动互联网的发展更具有广阔的意义，正在成为改变人们生活、学习及工作方式的重要力量。

然而，家用电器也存在“两面性”，如果你不熟悉它的脾气和喜好，那么它不仅不会为你提供优质服务，而且还有可能给我们带来生命财产方面的灾难。随着人们对家用电器依赖程度的增加，诸如空调综合征、电视综合征及电脑综合征等一系列健康问题接踵而来，由家用电器引发的火灾事故更是位列各类火灾事故之首，其中也不乏人身触电伤害事故的发生，而生活中的电能浪费也是令人触目惊心的。

熟知家电，就是要从细微处掌握家电的使用技巧。例如，空调器的温度设定有哪些讲究？观看电视以多远距离为好？操作电脑应如何远离电脑综合征？孕妇能使用微波炉吗？你相信洗衣机也能着火吗？节能灯时代还需要随手关灯吗？电冰箱里的食物就一定安全吗？雾霾来了家用电器如何有所作为……这些看似普通的问题其实也需要用科学的态度来对待，这样才能实现健康、安全和节能的目标。

本书就是为满足广大城乡居民科学使用家用电器的需要而编写的，主要特点为贴近生活、深入浅出、通俗易懂、图文并茂。全书以“事”设题，源于家用电器但不拘泥于家用电器，既广泛涉猎了家电领域的最新科技，又在介绍相关问题时进行了必要的知识拓展。全书以实用性为主旨，分为使用篇和节能篇两大部分，力求从健康、安全和节能3个方面介绍家用电器的使用技巧，从而走出家用电器使用上的“误区”，规避家用电器的健康和安全风险，并以最节能的方式为我们提供优质服务。只有这样，家用电器才能成为人们家庭生活幸福的一个重要支撑。

在本书编写过程中，张艳静、苏渊、李锐、苏璐晓、李明等人给予了大力帮助，在此表示诚挚的感谢。同时，编者在编写本书过程中还参阅了许多相关书籍和资料，在此向有关书籍资料的原作者致以深切的谢意。希望本书能走进广大城乡居民的生活，并为你提供实实在在的帮助。但由于编者水平所限，书中疏漏之处在所难免，还望读者予以批评指正。

编　者

目　录

第一篇　使用篇

第五章　安全使用及救护常识

第二篇　节能篇

第一篇　使用篇

第一章　白色家电的健康使用

1. 为什么冬季使用空调时室内外温差不宜太大？

在冬季使用空调进行取暖时，应当注意温度的设置和温差的控制。温度的合理设定是保证身体健康的最好办法，应当从有利于健康的角度进行考虑。否则，就有可能对健康造成一定的负面影响。

① 从保健的角度来说，冬季室内外环境温差不宜过大，最好保持室内比室外高 8℃为宜。如果室内外温差过大，那么人们在骤冷骤热的环境下，容易出现伤风感冒。特别是对于老年人，室内外温差更是不能过大。因为在室内由于温度过高，人体血管处于舒张状态，而这时突然来到室外的低温环境，血管就会猛然收缩，往往极易诱发老年人中风。

② 从人体舒适的角度来说，在冬季室内环境中，应当将室内温度控制在 15℃～18℃，此时人们会感觉比较舒适。在冬季，由于人们穿戴的衣服比较多，如果室内温度高于 18℃的话，往往会感觉有些热，反而不舒服。

2. 空调器为什么要排水？

要回答这个问题，我们还得从湿空气的性质说起。我们周围环境中的空气可以被认为就是“湿空气”，即含有水蒸气的空气。

从组成上来看，湿空气可以认为是由干空气和水蒸气组成的。但是，空气对水蒸气的容纳能力是随着气温的变化而变化的，气温越高，空气可以容纳的水蒸气就越多。在一定的温度下，当空气不能再容纳更多的水蒸气时，就成为了饱和空气。

对于未饱和的空气来说，降低空气的温度可使水蒸气的过热状态变为饱和状态，此时所对应的温度被称为露点温度。如果对达到露点温度的空气继续进行冷却，就会有水滴析出。

空调器在制冷过程中，当室内的空气从蒸发器中吹过时就会变成冷风。当室内温度达到露点温度以下时，空气中的水蒸气就会凝结成水滴，并顺着排水管流出去，这就是空调在制冷时会排水的原因。

3. 空调器是如何除湿的?

由于空气湿度直接影响着人们的身体健康，所以应随着季节的变化调节室内的空气湿度，使之保持在一个适宜的范围之内。一般来说，夏天梅雨季节空气湿度非常大，做好室内的除湿工作具有重要的意义。我们通常使用空调器来进行除湿，并且具有很好的效果。那么，空调器是如何除湿的呢？

空调器的除湿方式主要有两种，一种是制冷过程除湿，一种是独立的除湿功能。

① 制冷过程除湿。在制冷的过程中，潮湿的空气通过空调器蒸发器后温度会大幅度下降，使得空气湿度处于一种过饱和的状态。当多余的水汽以冷凝水的形式析出后，就会凝结于蒸发器的翅片上，这就是“凝露”现象。当制冷模式达到一定的平衡状态后，空气中的相对湿度也就下降到了一定的水平。因此，在空调制冷过程中，不仅降低了空气的温度，而且也降低了空气的湿度。

② 独立的除湿功能。现在，有不少空调还具有独立的除湿功能，即在非制冷模式下也能够除湿。这是通过蒸发器被冷却了的空气再加热到原来的温度，然后送入室内。而此时，室内风扇一直以低速运行，制冷系统做间断性的制冷循环，产生的制冷量大部分用于平衡室内空气的潜热，即将水蒸气变成冷凝水。在这个过程中，室温一直保持在设定值附近，同时又除去了空气中的大量湿气。因此这种除湿方法又被称为“恒温除湿”。

知识衔接

空气湿度与人体健康

研究表明，空气湿度直接影响着人们的身体健康。一般当空气的相对湿度为50%～60%时，人体感觉最为舒适，并且也不容易引起疾病。

当湿度过大时，人体中的松果激素量也较大，使得体内甲状腺素及肾上腺素的浓度相对降低，因此人们就会感到无精打采、萎靡不振。长时间生活在湿度较大的地方，还容易患风湿性、类风湿性关节炎等湿痹症。

而湿度过小时，由于水分蒸发加快，使人们的皮肤干裂，并出现口渴、干咳、声哑、喉痛等症状。所以，在秋冬季干冷空气入侵时，极易诱发咽炎、气管炎、肺炎等病症。

4. 女性朋友如何应对“空调综合征”？

对于女性朋友来说，平安度夏的最大“敌人”莫过于“空调综合征”（以下简称“空调病”）。

“空调病”多见于职业女性，可能存在以下几个方面的原因：一是职业女性以室内工作居多，上班和下班都在空调环境之中；

二是职业女性夏季穿着多为短衣短裙，而且衣单质薄，非常容易受到空调冷风的侵袭；三是职业女性的体质大多不如男性，因此对冷的刺激比较敏感。

夏天，对于喜欢赤脚穿凉鞋上班的女性来说，往往在空调房间里一待就是一天，而回到家里也常常是整夜开着空调。时间长了，有不少女性发现自己时不时会出现腹痛难耐的现象，甚至月经也开始紊乱了。特别是穿裙装和吊带等服装的女性，长期在空调房间里工作和生活，更容易因反复受凉而感到身体不舒服，甚至还会诱发肩周炎和颈椎退行性改变。

有关专家认为，人体在正常情况下能够对温度进行自发的调节。但当人们从炎热的室外进入空调房间之后，人体对温度的自发调节并不能够迅速转换。因此，在空调房间内，人体的末梢血管不能够很快收缩，从而造成末梢血液循环不良。如果女性长期处于空调的冷风下，就很容易出现腹痛和痛经等症状。

“空调病”属于一种内分泌综合征。职业女性科学应对“空调病”，是一门健康养生的大学问。那么，职业女性应如何正确应对“空调病”呢？

① 女性朋友在从炎热的室外进入室内时，应在至少 10 分钟以后再开空调。最好把室温设定在 26℃以上，以防止过低温度对身体的伤害。并且，还要尽量避免同时使用空调和风扇吹风。

② 女性朋友应尽量穿厚一点的衣服。如果实在避免不了穿短衣短裙，那么最好在空调室内备上披肩或者外套，并用其盖住自己的肩颈部和腿部；同时，还要注意保护自己的脚部。在开空调时，一般是低处最凉，而最怕冷的是腿和脚，所以女性朋友在空调房间里最好穿双丝袜。

③ 女性朋友应尽量避免冷风直吹自己的身体。在吹空调时，冷空气是向下沉的，因此应让空调风尽量向上吹，以避免冷风直吹身体。如果离空调比较近，最好能面对空调而坐，因为冷风从

后面吹着你的背部和腰部，比迎面吹对人体造成的损害更大。

④ 女性朋友在空调开上 1～3 小时后，最好关上一段时间，打开窗户呼吸一下新鲜空气，或者每隔 1 小时到室外活动一下。俗话说：“寒从脚下生”。除了用披肩护住腿部和膝盖外，在工作之余，应当不时地站起身来活动活动，以增进末梢血液循环，这对于身体健康是有益处的。

5. 宝宝吹空调应注意哪些问题？

由于婴幼儿的体温调节功能尚不完善，更容易随着环境的变化而变化，因此保持适宜的环境温度就显得非常重要。盛夏酷暑，科学合理地为宝宝吹吹空调是十分必要的，但千万不要把宝宝整天放在空调房内，否则也不利于宝宝的健康成长，甚至还会吹出疾病来。那么，宝宝吹空调应注意哪些问题呢？

① 一般当室内温度达到 30℃以上，或者天气闷热潮湿时就应当给宝宝开空调了。但对于新生的宝宝来说，由于其对外界温度的适应能力不强，所以应尽量不要在温差大的室内外来回进出。可以先让宝宝进入房间再打开空调，从而让宝宝慢慢地适应温度的变化。因为高低温的交替容易使宝宝免疫力下降，从而为病菌侵入宝宝机体创造了条件。

② 注意不要把空调的温度调得太低，以室温 26℃为宜。室内外温差也不宜过大，以室内比室外低 3～5℃为佳。因为室内外温差越大，宝宝的身体越难适应，越容易感冒生病。如果有条件的话，最好能在套间或者宝宝卧室隔壁的房间开空调。让凉气通过敞开的房门慢慢吹进宝宝的卧室，这样室内温度既不会太低也有利于室内的空气流通。在宝宝的床前最好能准备一个温湿度计，保持室温 26℃～28℃比较合适。

③ 在空调房内不宜让宝宝穿着太薄或太厚。有些父母喜欢把房间空调温度调得很低，然后用厚厚的被单把宝宝捂得严严实实的，却不知这样的做法足不可取。正确的做法应该是为宝宝盖的被子不能太厚，只要能把肚子、胸部、肩膀、关节等关键部位盖上就可以了。如果要给宝宝穿衣服的话，用浅色纯棉或纯针织品做成的连体衣会是一个不错的选择。因为连体衣不容易让宝宝的肚脐露出来，从而可以减少他们着凉的机会。

④ 宝宝大汗淋漓不宜马上开空调，更不能把吹风口直接对准宝宝，以防出现“空调病”。我们要先把宝宝身上的汗擦干净，或者为宝宝洗个温水澡，擦干后，再让宝宝穿上柔软、吸湿、透气性好的纯棉衣服。当宝宝自然地静下来之后，才能为其开空调。

⑤ 密闭空调房内的空气质量很差，对宝宝的身体发育非常不利，而且还容易诱发呼吸系统疾病。所以，开空调每 6～8 小时就应通风换气一次，最长也不要超过 12 小时，每次换气 20～30 分钟。尤其是在宝宝睡觉前应该通风换气一次，以改善空调房内的空气质量。

⑥ 应当定期清洗空调过滤网。空调的空气过滤网是用来过滤空气的，如果吸附在过滤网上的毛屑、灰尘和病菌不能及时被清除，那么它们就会随空调气流被吹进室内，宝宝吸入后就会引起咳嗽或者呼吸道过敏。所以应每隔半个月清洗一次过滤网，只需把过滤网拆下来用清水冲洗就可以了。同时，利用空调的除湿功能，为宝宝营造一个舒适的温湿度环境，也是十分重要的。

6. 为什么老年人开空调要防“空调腿”？

“老寒腿”本来是冬季的常见病，然而随着空调的普及，久居空调室的老年人在夏季也犯上了“老寒腿”。从诱发“老寒腿”的因素来看，主要是由于长时间在低温的空调室内工作和生活所

致，所以有人又将“老寒腿”称为“空调腿”。那么，老年人在空调房内该如何预防“空调腿”呢？

① 尽量不要长时间待在空调房内。在空调房内时间长了，人体血管就会遇冷收缩，血流速度开始减慢，因此血液中输送的养料和氧气就会减少。而膝关节周围的血管本来就少，再加上长时间受到寒凉的刺激，使得血液循环更加缓慢，因此更易出现水肿和炎症病变，从而导致滑囊炎、滑膜炎等关节性疾病。

② 在空调房内最好穿上长裤和丝袜等衣服，保护膝关节免受其凉。夏季，在室内开启空调后，接近地面的空气温度最低。而人们的双腿正好处于地面上的低温区域，再加上夏季多着短装等因素，暴露在外的双膝关节更容易受到寒凉的刺激。因此，在空调房内也可以在腿部盖上一条毛巾来保护膝关节。

③ 在空调房内还应避免空调凉风直吹腿部。很多人并没有意识到长期吹空调的危害，尤其是年轻人更愿意图一时“凉爽”之快。殊不知，冷空气对关节的损害是很大的，如果不注意保暖，时间长了就很容易患上关节炎。

④ 当自己在空调房内感觉有丝丝“凉意”时，就一定要站起来适当地活动一下四肢和躯体，以加速腿部的血液循环。同时，还应当注意适当锻炼一下腿部肌肉、膝关节、踝关节等，以改善腿部的血液循环和保持关节的稳定性。

7. 如何清洁、保养空调器？

为了降低空调器的致病可能，定期清洁、保养空调器至关重要。空调清洁主要针对外壳、过滤网、蒸发器、出风口、散热片和冷凝器 6 个部分。

① 外壳的清洗。选择晴朗干燥的天气，在“送风”状态下让空调器运行 3～4 小时，让空调内部的湿气散发出来，然后关

掉空调器的电源，并拔出电源插头，再用清洁柔软的干布擦拭空调器外壳的污垢，也可用柔软的干布蘸取温水进行擦洗，但不能用热水或可燃性物质擦洗。

② 过滤网的清洗。如图 1-1 所示为空调的过滤网。取出空调器的空气过滤器，先用干净的刷子把附在过滤网上的绝大部分脏物刷干净，然后将过滤网放入温水中泡一会儿，最后用流动的自来水把过滤网冲洗几遍，用干净的抹布慢慢抹干。再将洗净的过滤网装回空调内部，将空调外壳关闭即可。注意清洗时水温不得超过 50℃，最好不要用洗衣粉、洗洁精、汽油、香蕉水等，以防过滤网变形。

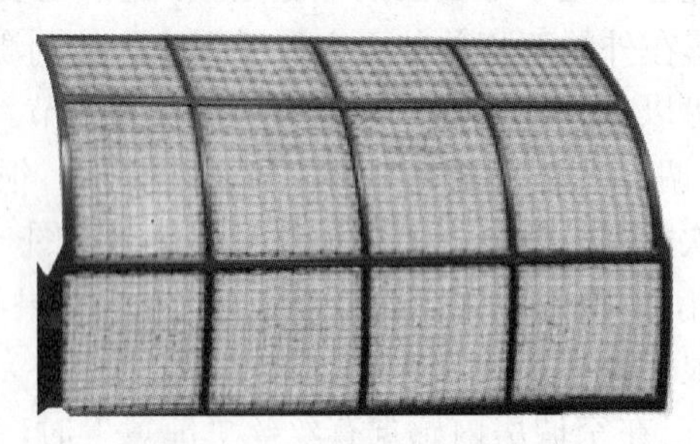

图 1-1　空调器的过滤网

③ 蒸发器的清洗。蒸发器又名冷热交换器，它是制冷循环中直接制冷的器件。空调在工作时，蒸发器吸收室内空气中的热量，使制冷剂由液体蒸发为气体，带走室内空气中的热量，使房间冷却降温，它同时还能将蒸发器周围流动的空气冷却到低于露点温度，去除空气中的水分，达到除湿的目的。虽然蒸发器有过滤网保护，但 80%的灰尘会穿过过滤网黏附在潮湿的蒸发器上。这些地方最容易滋生病菌和螨虫，并且影响空调的正常工作，因此清洗蒸发器既可以减少空调器的致病可能，又可以达到节能的目的。目前，市场上有专门的蒸发器清洗剂，在使用时可将清洗剂摇匀后均匀喷洒在空调蒸发器的进风处，如果污垢过多可用湿布抹去后再用少量清水

冲洗。但应注意在清洗完成后必须把蒸发器擦干。

④ 出风口的清洗。空调器在闲置期间很容易在出风口及滚轮上积聚一些污染物，有时甚至会把出风口堵塞。特别是滚轮上有许多凹槽和间隙，如果被堵塞将会影响出风量，还容易滋生霉菌。可以请专业清洗人员进行清洗，从而提高空调器的工作效率。

⑤ 散热片的清洗。散热片是细菌聚集的地方，对其进行彻底的清洗消毒至关重要。散热片由于无法拆卸，可购买罐装的空调清洗剂进行清洗消毒，不仅能清除灰尘，而且具有消毒功能。在清洁散热片时，取下过滤网就可以露出散热片，然后将清洗剂摇匀后均匀喷洒在散热片表面。等候 15 分钟左右，将过滤网装上，再运转空调制冷程序 15～30 分钟，这样污水会随排水管自动排出。一般消毒后应开启门窗半小时左右，使残存消毒剂挥发完后，方可投入正常使用。清洗空调散热片是专业性较强的工作，应尽量请专业人员进行操作。

⑥ 冷凝器的清洗。空调室外机一般不需要拆开清洗，拆开清洗容易导致机械故障和制冷剂泄漏。室外机的翅形铝箔散热片可直接用自来水管上下冲洗干净，或者用长毛刷蘸水上下刷洗干净。冷凝器装在压缩机排气口和电子膨胀阀之间，由空调压缩机中排出的高温高压气体进入冷凝器，通过铜管和铝箔片散热冷却。如果冷凝器集聚有污垢，则会影响制冷剂和各部件的正常工作。冷凝器可直接用自来水管冲洗，或用长毛刷蘸水上下刷洗干净，也可用专用清洁剂进行清洁。

8. 为什么“盖着被子吹空调”更容易患上“空调病”？

每年夏天，都会有人喜欢盖着被子吹空调。这些人之所以选择盖着被子吹空调，大概是为了睡觉时既凉爽又不着凉。其实，这种做法是对空调制冷的过度消费，不仅会浪费大量的电能，而且这样更容易患上“空调病”。

有些人认为，盖上被子之后可以把空调的温度调得更低一些，这样可以睡一个舒服觉。殊不知，人们在睡觉时新陈代谢就会放慢下来，更容易受到冷气和病菌的侵袭。其实，人们的呼吸道是最为脆弱的，当冷空气从呼吸道进入人体后，再加上夜间室内空气的不流通，呼吸道很容易受到损伤。例如，在睡醒后轻则口鼻发干、头痛，重则打喷嚏、流鼻涕，甚至还会患上呼吸道疾病。因此，与其盖上厚厚的被子吹空调，倒不如打开门窗让空气自然流通，并盖上薄一点的被子更有利于健康。

9. 如何选择洗衣机的种类和容量?

目前市场上的洗衣机品种繁多、种类各异，那么到底哪一款洗衣机更适合自己呢？

简单来说，洗衣机主要有滚筒型、波轮型和搅拌型三大类。它们在洗衣原理上都是一样的，但又各有特色。

在选择洗衣机的种类时，应当考虑洗衣机不同种类的优缺点，从而把洗衣机的优势发挥出来。现在，市场上的主流产品为滚筒型洗衣机和波轮型洗衣机，搅拌型洗衣机在市场上所占份额极小。而就滚筒型洗衣机和波轮型洗衣机而言，它们在衣物的洗净度、耗电量及洗衣所花费的时间等方面具有很大的区别。

滚筒型洗衣机是由滚筒做正反向转动来洗涤衣物的，在这个过程中利用了凸筋的托举作用，同时借助重力自由落下，很好地模拟了手搓洗衣的过程，因此洗净度均匀，对衣物的损耗也比较低，适合洗涤较为高档的衣物。还有一点，滚筒型洗衣机的价位

一般比较高。如果自己高档衣物比较多，而又总是在家里洗涤，并且家庭经济条件又比较好，则可以选择滚筒型洗衣机。

波轮型洗衣机主要是依靠波轮的高速运转所产生的涡流冲击衣物，并借助洗涤剂的作用来洗涤衣物的。因此其洗净度要比滚筒型洗衣机高，但其磨损率也比滚筒型洗衣机高。波轮型洗衣机又分为全自动和双桶两种类型，前者可以自动完成洗涤、漂洗和脱水全过程，使用起来非常方便，但价格较高；而后者经济实惠，但自动化程度不高。如果自己的高档衣物不是很多，而又喜欢在干洗店干洗的，还是选择波轮型洗衣机比较实用一些。

选择多大洗涤容量的洗衣机，应当根据家庭人口和每次洗衣服的数量等因素综合确定。一般来说，洗涤容量代表了洗衣机的洗涤能力，洗衣机洗涤容量区间大概在 5～7 千克。一般的 3 口之家，可以选购洗涤容量为 5 千克的洗衣机；对于 4 口之家，则可以选购洗涤容量为 6 千克的洗衣机；而 4 人以上的大家庭，并且洗涤的衣物又比较多，可以选购大容量的洗衣机，如 7 千克的洗衣机。

10. 反映洗衣机洗涤性能的主要指标是什么？

反映洗衣机洗涤性能（洗净衣物的能力）的主要指标为洗净比和磨损率。

① 洗净比：是指因洗涤增加的反射率值占因污染降低的反射率值的百分比。原来，在测量“洗净比”的时候，先将污渍涂在检测布上，然后将该布缝在衣服上放进洗衣机进行洗涤，洗涤以后将检测布与标准布的反射率进行对比，这样得出的数值就是“洗净比”。不过，反射率的测量是使用专用的仪器（光电反射率计）进行的。不同形式的洗衣机，其洗净比是不同的。

② 磨损率：主要是指洗衣机对所洗衣物的机械磨损程度。按标准规定，通过测量在洗涤水和漂洗水中过滤所得的被分离纤维和绒渣的重量，确定洗衣机对标准负载布的机械磨损程度。不同形式的洗衣机，其磨损率也是不同的。各种洗衣机磨损率大小的顺序：喷流型＞波轮型＞搅拌型＞喷射型＞滚筒型＞振动型。

11. 洗衣机存在哪些健康隐患?

洗衣机走进我们的生活，一方面把人们从繁重的洗衣劳动中解放了出来，另一方面也为我们的健康埋下了隐患。不过，只要我们充分认识了产生健康隐患的原因，那么我们就可以消除这种隐患。

现在，人们都已经养成了用洗衣机洗脏衣服的习惯。殊不知，洗衣机在与各种污渍打交道的过程中，也会滋生各种各样的病菌，并严重影响人们的穿着健康。据有关部门在北京市进行的一项调研结果显示，在抽查的 100 台全自动波轮型洗衣机样本中，平均检出细菌总数达到每毫升 13692 个，大大超过了我国公共卫生场所用品细菌总数的相关要求。并且检出的病菌种类繁多，包括大肠杆菌、金黄色葡萄球菌、白色念珠菌、指甲隐球菌等。如果不能够进行定期清洗，那么就容易引发各种皮肤病，特别是在潮湿的天气这种危害更明显。

有报告披露了使用半年以上的洗衣机细菌污染情况的抽样调查结果，指出洗衣机细菌总数超标率为 81.3%，大肠菌群检出率为 100%，霉菌检出率为 60.2%，而导致这一现象的主要原因是洗衣机槽受到了污染。原来，全自动洗衣机一般拥有内外两个筒，而内筒与外筒之间的夹层就是洗衣机槽。由于洗衣机槽处在洗衣机内外筒之间的夹缝地带，我们平时一般看不到这个地方，

所以定期清理时也往往会留下这个“死角”。这样一来，洗衣机槽就成为了一个藏污纳垢的地方。图 1-2 所示为洗衣机槽藏污纳垢的地方。

图 1-2　洗衣机槽藏污纳垢的地方

1．卡在洗衣机盘背面凹槽的污垢 2．卡在洗衣机内槽的污垢
3．使用后可见漂浮或沉淀的污垢

知识衔接

洗衣机藏污部位揭秘

① 料盒：洗涤剂的料盒非常容易隐藏细菌，我们应当定时进行清洁。可用热水清洗料盒，把残留洗涤剂冲刷干净，并使其保持干燥。

② 滚筒和门封：容易残留一些绒毛和异物，应当定时进行清理。对于具有自洁功能的洗衣机，可定时清理滚筒，擦干净舱门圈。

③ 排水泵：由于排水泵比较潮湿，所以非常容易滋生细菌。我们应当定时进行清理，去除绒毛和异物。

④ 过滤器：可以过滤洗涤液中的绒毛，所以需要及时

进行清理，可用自来水进行清洗，然后再擦干就可以了。

⑤ 冷凝水槽：冷凝水槽非常潮湿，因此适合细菌的繁殖。我们可以让洗衣机自动烘干，从而减少细菌的繁殖。

12. 为什么说女性是洗衣机污染的主要受害者？

洗衣机让我们的生活更加便捷，这其中女性朋友发挥了重要作用。女性朋友作为一个经常与洗衣机打交道的群体角色，自然更容易受到洗衣机污染的危害。而更为重要的一点是，女性朋友的生活习惯和生理特点使其更容易受到洗衣机污染的侵害。

女性朋友往往更换衣物比较频繁，因此增加了衣物受到洗衣机污染的机会。也许，我们总是认为洗衣机可以让衣物更清洁，正是这样的思维定势才使得女性朋友天天要洗衣服。其实，在这所谓的“清洁”背后，很有可能潜藏着某些健康方面的风险。有专家指出，从洗衣机内槽中检测出霉菌的比例高达60.2%，这对女性来说是非常危险的。这些霉菌往往会引发霉菌性阴道炎症等妇科疾病，对孕期的妇女危害更大，同时还会引起脚癣、手癣、指甲癣、花斑癣等多种皮肤病。

有报告称，习惯使用洗衣机洗涤乳罩的女性朋友，乳腺炎的发病率要比用手工洗的高 3～5 倍。原来，当把乳罩和其他衣物一起放在洗衣机中洗涤时，随着洗衣机波轮的转动和水流的冲甩，衣物上的绒毛、线头和一些极其细小的纤维很容易粘附到乳罩上。当女性朋友穿戴这种乳罩时，那些细小的纤维就会粘附在乳头上，甚至阻塞乳腺管而引起感染，从而引发乳腺炎。在使用洗衣机进行洗涤时，通常使用的加酶洗衣粉也存在一定的危害，如果漂洗得不彻底，那么残留于乳罩上的加酶洗衣粉就会侵蚀乳

房表面的上皮细胞，并进而使其发生病理性变化而引发乳腺炎。

知识衔接

防洗衣污染小窍门

① 床上用品可用温水洗。对于被单、枕套等床上用品，往往是尘螨的滋生场所。原来，尘螨是中国人群常见的过敏原之一，70%左右的哮喘患者是由尘螨引起的。事实上，尘螨会引起一系列的过敏反应，尤其是呼吸道过敏性疾病，如过敏性鼻炎和哮喘。它们对人们特别是成长中的儿童所造成的危害是十分巨大的，能够直接影响到孩子的生长发育和体质健康。因此，床上用品最好每周用温水洗一次，水温应不低于54℃，这样可以有效消灭过敏原。

② 洗完衣物要及时从洗衣机中取出。由于洗衣机内的环境湿度很高，非常适合微生物的繁殖。如果洗完衣物后不能及时取出晾晒，那么这些衣物在洗衣机内就很容易滋生多种微生物。所以，为了防止微生物在衣物上的滋生，应在洗衣结束后30分钟内取出衣物进行晾晒。如果洗好的衣物在洗衣机内已经超过1小时，那么就应该重洗一遍。

③ 洗衣服时要注意开窗换气。洗衣间本来就是一个潮湿的空间，从而为霉菌生长繁殖创造了很好的条件。特别是在封闭的洗衣间，从洗衣机里散发出的潮湿热气，往往会进一步增大洗衣间的湿度。所以，在洗衣机工作的时候，注意打开窗户或换气扇是必不可少的环节。

④ 在洗衣机风干后再合盖。我们知道，霉菌等微生物喜欢在潮湿的环境中滋生。而洗衣机内就是一个极其潮湿的环境，因此是霉菌等微生物的“避难所”。为了防止霉菌在洗衣机内的滋生，最好的办法就是保持洗衣机内的干燥。所

以，在洗衣完毕后不要急于合上盖子，以便使洗衣机内的水分尽快风干。

13. 为什么贴身内衣裤不宜用洗衣机洗涤？

规避洗衣机污染风险，科学洗涤贴身内衣裤至关重要。洗衣机污染中大肠杆菌的主要来源就是内衣，如果我们不用洗衣机洗内衣，那么大肠杆菌的交叉感染不就可以避免了吗？

所以，对于贴身内衣裤来说，手洗是一个健康的选择。洗涤内衣裤最好使用专用的洗涤剂，并务必把握一个原则，那就是“洗干净、冲干净”。特别是附有钢丝或钢圈的内衣，千万不要用洗衣机洗涤或脱水，那会让内衣严重变形，也会伤害质料。而且在洗衣机搅拌、摩擦的过程中，衣物上的细菌和纤维也会不可避免地产生交叉污染。

对于质料纤维比较柔薄细致的内衣来说，最好使用温水和中性洗涤剂，并采用轻按手洗的方法。在洗涤时，可先将中性洗涤剂溶解于 30℃～40℃的温水中，然后放入衣物浸泡一会儿再用手轻拍，注意不要用力洗刷以免磨损面料。

贴身内衣裤换下后应尽快清洗，污渍一旦渗入质料纤维组织内部就很难清洗了。因为时间愈长就愈难清洗。如果内衣的标签上没有注明必须手洗，那么一定要注意用洗衣机洗涤内衣时洗涤时间不要超过 3 分钟，以防长时间洗涤导致衣物变色或染色。洗后切勿使用衣物柔顺剂，避免损坏内衣的弹性纤维。应放在阴凉通风的地方晾干内衣，以防日晒使衣物变质和褪色。

知识衔接

机洗内衣有讲究

如果用洗衣机洗内衣，应当将内衣单独放置，避免与外裤、袜子等衣物混在一起洗，并用温开水进行清洗。

为了防止内衣裤在洗涤过程中受到污染，不妨将消毒水或漂白粉倒入洗衣机内，让其空转 10 分钟左右，每周一次，这样也能起到除菌的作用。

对于运动型内衣来说，则是可以放进洗衣机洗涤的，但是要避免使用烘干机进行烘干。不要把贴身内衣裤拿到干洗店去洗，以防在洗衣过程里污染有害微生物。

14. 使用加酶洗衣粉应注意什么？

① 不能用于蛋白质类纤维织物的洗涤。因为碱性蛋白酶能使蛋白质水解成可溶于水的多肽和氨基酸，因此羊毛、蚕丝等蛋白质类纤维织物就不能用加酶洗衣粉洗涤，以免使纤维组织受到水解破坏。

② 使用加酶洗衣粉要注意洗涤条件。据悉，碱性蛋白酶在 35℃～50℃时活性最强，在低温下或 70℃以上就会失效。所以，洗涤用水的温度直接影响加酶洗衣粉的去污活力，应特别注意使用时的水温。加酶洗衣粉也不宜与三聚磷酸盐共存，否则酶的活性也将会丧失。同时，加酶洗衣粉也不宜长期存放，因为存放时间过长其酶活力就会降低。

③ 不要过量使用加酶洗衣粉。因为过量使用加酶洗衣粉不仅能损伤棉、麻等天然纤维织物的纤维，而且还可能使人们患过敏性皮炎、湿疹等。原来，添加了碱性蛋白酶的洗衣粉可以分解人体皮肤的表面蛋白质。

知识衔接

加酶洗衣粉

加酶洗衣粉是在合成洗衣粉中加入0.2%～0.5%的酶制剂制成的，可以克服普通洗衣粉不能去除血渍、汗渍、奶渍、酱油渍等污物的缺陷，因此具有广泛的应用。

酶是一种专一性很强的生物“催化剂”，洗衣粉中一般添加了蛋白酶、淀粉酶、脂肪酶和纤维素酶等。蛋白酶可以催化水解肉、蛋和奶渍，淀粉酶可以催化水解酱、粥等污渍，脂肪酶可以催化水解各类动植物油脂和人体皮脂腺分泌物及化妆品污垢，纤维素酶可使织物增艳及去除颗粒性污垢。

我国在洗衣粉中添加的酶最主要的是碱性蛋白酶。衣物上附着的血渍、汗渍、奶渍、酱油渍等污物，都会在碱性蛋白酶的作用下变得结构松弛、膨胀解体，稍加搓洗，污迹就会从衣物上脱落。

15. 家用洗衣粉对健康存在哪些危害?

洗衣粉是一类粉状（粒状）的合成洗涤剂，是以表面活性剂为主要成分并配以多种助洗剂制成的。现在，洗衣粉已经成为每个家庭必备的洗涤用品，在家用衣物洗涤领域发挥了重要的作用。然而，不当使用洗衣粉也会影响人们的身体健康。

研究表明，洗衣粉对皮肤具有明显的脱脂作用，如果经常接触洗衣粉，那么皮肤易干燥角化。在用洗衣粉搓洗衣服时，皮肤表面的油脂往往会被洗掉，使皮肤的屏障作用遭到破坏，这样就会引起皮肤干燥、皲裂、脱皮或导致皮肤炎症，甚至引发起泡、发痒、裂口等。合成洗涤剂也有可能成为接触性皮炎、婴儿尿布疹等常见病的刺激源。

洗衣粉的主要成分是烷基苯磺酸钠，具有很好的去污作用，使用起来又很便利，所以深受人们的喜爱。但洗衣粉对人体具有一定的毒性，即使少量的洗衣粉进入人体之后，也会对人体内多种酶类的活性起到强烈的抑制作用，并导致人体抵抗力下降。尤其是加酶洗衣粉，由于其含有一种碱性蛋白酶，而这种酶能分解皮肤表面的蛋白质，从而引起皮疹等过敏现象。

如果人们过多地接触洗衣粉，还会引起眼睛酸胀、流泪、打喷嚏、流鼻涕等症状。吸入过多洗衣粉时，还有可能引起支气管哮喘。洗衣粉中的荧光增白剂本身就是一种有害物质，过多地侵入人体后会对健康造成很大危害；加香洗衣粉中的合成香精也会导致一些人发生过敏反应；增白洗衣粉中所含的有机氯也容易对健康造成危害。

知识衔接

洗衣粉成分知多少

洗衣粉主要含有表面活性剂、水软化剂、碱剂、漂白剂和增白剂等成分。

① 表面活性剂：这是洗衣粉的主要活性成分，主要有阴离子表面活性剂、阳离子表面活性剂、非离子表面活性剂和两性离子表面活性剂等四大类。用于洗涤的表面活性剂主要以阴离子和非离子为主。

② 水软化剂：三聚磷酸钠是最为常用的一种水软化剂，它具有软化水质、分散污垢、缓冲碱剂及抗结块等多种作用，被广泛应用于各种洗衣粉配方中。水软化剂还可防止水中的钙、镁离子造成的阴离子表面活性剂失活，从而提高表面活性剂的利用率。

③ 碱剂：一般洗衣粉配方中都含有纯碱和硅酸钠，其中硅酸钠还具有使污垢颗粒悬浮，防止再沉积的作用。在适当的碱度下，衣物纤维和污垢可被最大限度地离子化，因此更便于污垢的水解和分散。

④ 漂白剂：某些洗衣粉中含有过硼酸钠一类的漂白剂，可以延缓衣物的泛黄程度，但对衣物有一定的损伤。

⑤ 增白剂：在某些洗衣粉中加入的增白剂，在洗涤衣物时可以留存在衣物上，通过吸收阳光中的紫外线来反射与黄光互补的蓝色光线，从而掩盖衣物上的黄色，提高衣物在日光下的白度。

⑥ 其他添加物：例如，在某些洗衣粉中加入生物酶，可以提高洗衣粉的去污能力；添加香精和色素等成分，可改善洗衣粉的气味和外观，并掩盖某些化学成分的异味。

16. 含磷洗衣粉对健康和环境有哪些危害？

按含磷量，洗衣粉可分为无磷洗衣粉和含磷洗衣粉。含磷洗衣粉虽然是一种去污能力强的化学合成洗涤剂，但它不仅影响人体健康，对环境也具有很大的危害性。

有报告称，长期使用高含磷洗衣粉，其中的磷往往会影响人体对钙的吸收，从而导致人体缺钙或诱发小儿软骨病。长期用高含磷洗衣粉洗衣服，人体皮肤常会有一种烧灼的感觉，这是因为高含磷洗衣粉改变了水中的酸碱环境。同时，碱性强的含磷洗衣粉也容易损伤衣物纤维，尤其是纯棉类衣物更容易受到含磷洗衣粉的损伤。同时，长期使用以强碱性为特征的洗衣粉，往往对衣物是有损伤的。

含磷洗衣粉对环境的破坏作用，主要表现为对水体的污染，这已经成为一个带有全球性意义的重大问题。例如，使用含磷洗衣粉会污染地表水质，从而造成水生动物的死亡，特别是渔业养殖也会受到严重影响。其原因就是含磷洗衣粉造成了水体的富营养化，从而导致了藻类植物的疯长。这些水生物死亡腐败以后，又会放出大量甲烷、硫化氢、氨等有毒有味气体，从而使水质混浊发臭，水体缺氧，导致水中鱼、虾、贝类等水生物死亡，河流湖泊变成死水，严重影响周围的生态环境。

知识衔接

洗衣粉的数字型号标志

按国家标准生产的洗衣粉，在包装上通常标有数字型号标志，如30型、20型等。那么，这些数字型号标志代表的意义是什么呢？

数字型号标志是表示洗衣粉中表面活性剂含量的标志，原来表面活性剂含量高低是去污力大小的主要决定因素。例如，“30型”表示该洗衣粉表面活性剂含量为30%，属高档洗衣粉，可洗涤毛料和丝绸；“20型”表示该洗衣粉表面活性剂含量为20%，属低档碱性洗衣粉，适于洗涤麻织物。另外，还有25型、28型等型号标志。

17. 如何根据衣物纤维类别选用洗涤剂?

不同的纤维衣物具有不同的特征和性能，应当根据纤维衣物的特点合理选用洗涤剂。表 1-1 为不同洗涤剂适用的衣物纤维，可供参考。

表 1-1 不同洗涤剂适用的衣物纤维

洗涤剂	适用纤维	纤维类别	主要特征	代表衣物	洗涤水温
弱碱性洗涤剂、肥皂	植物纤维	棉	吸湿性和透气性很强，对皮肤无刺激性。牢固耐洗、容易起皱和缩水	汗衫、衬衫、袜子、浴衣、床单、毛衣等	40℃以下
		麻	凉爽，容易起皱。容易因为摩擦产生绒毛，深色容易褪色	夏天的衣料、衬衫、套衫、床单等	
中性洗涤剂	动物纤维	羊毛（毛）	不易起皱，具有弹性，耐摩擦，吸湿性强。在紫外线下白色羊毛容易发黄	冬天的衣料、衬衫、毛毯等	30℃以下
		开士米山羊毛	纤维纤细、柔软，具有独特的光泽和手感。不耐摩擦，容易起球		
		丝绸（丝）	具有独特的光泽，柔软。白色丝绸在阳光照射下容易发黄，容易长霉菌	头巾、领带、套衫、和服等	

续表 1-1

洗涤剂	适用纤维	纤维类别	主要特征	代表衣物	洗涤水温
中性洗涤剂	指定外纤维	丙烯酯纤维	牢固而不易缩水，具有独特的光泽和手感。因为摩擦容易起毛，容易受损	制服、毛衣、夹克、寝具等	30℃以下
中性洗涤剂（结实的材料用弱碱性洗涤剂、肥皂）	再生纤维	人造丝	具有和丝绸一样的光泽，吸湿性高，不刺激皮肤。容易起皱和缩水	内衣、女士服装、衬衣、窗帘等	
		丙烯酯纤维			
		人造棉	轻盈具有光泽。不刺激皮肤，吸湿性强。不易起皱，但容易缩水	衬衣、女士服装、头巾、女士内衣等	
中性洗涤剂	半合成纤维	醋酸人造丝	具有丝绸的光泽，吸湿性良好，不刺激皮肤，轻盈，但接触美发用品或除光剂时易被腐蚀。一旦起皱不易去除	礼服、套衫、头巾、女士内衣、寝具、衬衣等	
中性洗涤剂（结实的材料用弱碱性洗涤剂、肥皂）	合成纤维（石油）	尼龙	结实，具有轻微的弹性，有光泽，不易起皱。吸水性较低，不耐热	长筒袜、女士内衣、运动服、雨伞等	
		聚酯纤维	结实且轻，不易起皱、变形，耐热、耐摩擦，但是容易在洗涤中再次受到污染	衬衫、裙子、连衣裙、套衫、雨衣等	40℃以下
		抓毛绒	保温性高、轻盈，容易产生静电，因为摩擦容易起球，不耐热	夹克、围巾、袜子等的冬季衣物	

续表 1-1

洗涤剂	适用纤维	纤维类别	主要特征	代表衣物	洗涤水温
中性洗涤剂	合成纤维（石油）	丙烯腈纤维	轻盈且柔软，具有弹性，不易起皱。保温性高，容易起球	冬季衣物的衣料、贴身衣物、毛毯、靠垫、窗帘等	40℃以下
		丙烯腈系纤维			
		聚丙烯纤维	轻盈且结实，不易吸附污垢，吸水性很低，保温性很高。不耐紫外线和热	运动服、泳衣、靠垫、地毯等	30℃以下
中性洗涤剂（结实的材料用弱碱性洗涤剂、肥皂）		聚氨酯纤维	轻盈，能像橡胶一样延展，在紫外线下白色容易发黄，只有3年左右的寿命	合成皮革、女士贴身内衣、泳衣、袜子、紧身衣裤等	

18. 如何对家用洗衣机进行清洗消毒?

洗衣机夹层内的污垢主要为自来水里的水垢，水中钙离子与衣物上的有机物形成的污垢，洗衣剂（肥皂粉）的游离物，衣物的纤维，人体的有机物质，衣物带入的灰尘与细菌及其他物质。这些物质往往会造成二次污染，从而危及人体健康。为此，对洗衣机定期进行清洗消毒，是避免洗衣机二次污染的重要途径。

洗衣机日常使用一般应每隔 2～3 个月定期清洗消毒一次。当家庭成员患有某些传染病时，患者的衣物应单独洗涤，并且每次使用后均应对洗衣机进行清洗消毒。目前，家用洗衣机清洗主要有两种方式，一种是请专业维修人员拆卸洗衣机夹层进行清洗，另一种是使用专业的洗衣机槽清洁剂进行清洗。

① 使用专用清洁剂清洗洗衣机。按照产品说明书的使用方法，将清洁剂直接倒入洗衣机筒内，加清水至高水位，运转洗衣

机 3～5 分钟，使其完全溶解后关闭电源，浸泡至说明书要求的时间，一般 1～2 小时。然后，按洗衣标准模式（洗涤—漂洗—脱水）运行洗衣机一遍即可。

② 使用漂白剂清洗洗衣机。可使用含氯漂白剂清洗洗衣机，其方法是在 40L 水中，加入 300mL 漂白剂。调节到高水位，等水加满后加入漂白剂搅拌均匀。慢慢发起的泡沫，是内桶里残留的洗涤剂溶解所致。大约 20 分钟后，漂白剂会把内桶背面的污垢彻底清洗掉。搅拌完脱水时，洗衣机内桶的底部会残存污垢，还要再放一次水，以便把污垢彻底排干净。

③ 使用含氯消毒剂等对洗衣机进行消毒。在紧急情况下，可使用含氯消毒剂等对洗衣机进行消毒。消毒方法：在洗衣机内加清水至高水位，根据水量加入消毒剂，使水中有效氯含量在 300～500mg/L，开启洗衣机运转 3～5 分钟，关闭电源后浸泡 10～15 分钟，然后将水排尽，并用清水冲洗干净。由于含氯消毒剂对金属具有一定的腐蚀性，对金属内胆洗衣机不宜频繁使用。含氯消毒剂对衣物还具有漂白作用，也不宜在衣物洗涤时进行消毒。

19. 电冰箱内有哪些食品保存区间?

一般的电冰箱都拥有冷藏和冷冻两种食品保存区间，现代新潮电冰箱还增加了冰温区间，甚至还有变温区间。电冰箱内食品保存区间的多元化设计，使得食品保存更科学、合理和卫生，因此体现了“以人为本”的设计理念。

① 冷藏室：温度大约为 5℃，即将食品温度降低到冰点以上。在这样的温度下保存食品，不仅能延长食品的储存期限，而且能保持食品原有的风味和营养价值。但在冷藏温度下，微生物活动并未完全终止，因此食品只能做短期储存。

② 冷冻室：温度大约为－18℃，即将食品温度降低到冰点以下，冷冻室的具体温度是按星级进行划分的。在这样的冷冻温度下保存食品，不仅储存期限要比冷藏长得多，而且更容易保证食品的新鲜风味。

③ 冰温室：温度大约为 0℃，即将食品温度降低到冰点左右。冰温室可以作为食品的一个保鲜区间，如可以存放鲜肉、鲜鱼、贝类、乳制品等食物，可以随时取用，既能保鲜又不会冻结。不过，在冰温室保存食物期限不能太长，一般以 3 天为宜。冰温室也可作为冷冻食品的解冻区间，如可把冷冻食品放在此区间解冻后再进行烹饪加工。

④ 变温室：温度大约为－7℃～－3℃，用户可以根据食品保存需要调节变温室的温度。变温室既可作为软冷冻室使用，又可作为冷冻室使用。变温室作为软冷冻室使用时，食品在食用前不需要解冻，从而可以减少营养的流失；由于食品没有经过强冷冻，因此对食品的新鲜度影响不大；软冷冻室中的肉类在切片时更容易保持肉的形状，更容易切成薄肉片。

⑤ 饮品室：有些电冰箱还设置有专门的饮品室，温度区间为 2℃～5℃，可以存放各种饮料。

20. 什么是“冰箱病”？

在炎热的夏日，吃上几块冰镇食物简直就是一件快事！然而，在这种冰爽的背后，往往隐藏着一种健康方面的危机。医学专家提醒人们不要过量食用电冰箱里的冰镇食物，以免出现“冰箱病”。那么，什么是“冰箱病”呢？

“冰箱病”并不是一种单独的疾病，而是一类因不当食用从电冰箱取出的食品而引起的形形色色的不良反应。这些不良反应

以肠胃疾病为主，也会出现一些其他症状。常见的“冰箱病”有“冰箱肠炎”“冰箱肺炎”“冰箱胃炎”“冰箱头痛”等。

① 冰箱肠炎。在电冰箱内冷藏的食物，虽然抑制了多种细菌的繁殖，但有些嗜冷菌和霉菌在低温下仍会大量繁殖。这些嗜冷菌和霉菌往往会随着未经加热处理的食品进入人体，从而引起广泛的炎症，导致腹痛、腹泻和呕吐。由于该病多由耶尔森氏菌所致，所以又称耶尔森氏菌结肠炎。

② 冰箱肺炎。有些真菌（如黄曲霉菌、黑曲霉菌等）具有耐寒不耐热的特性，在低温环境中仍能进行繁殖，而且毒性很强。这些有害真菌很容易污染电冰箱环境，特别在冷冻机的排气口和蒸发器中很容易繁殖这些真菌，并有可能导致食物受到污染。当这些真菌随尘埃散布到空气当中的时候，过敏性体质者和儿童吸入这种带菌空气后，就可能出现咳嗽、胸痛、寒战、发热、胸闷和气喘等症状，在临床上被称为冰箱肺炎。

③ 冰箱胃炎。在夏季，当人们大量食用从电冰箱取出的冷冻食物时，往往会使胃肠受到强烈的低温刺激。这种低温刺激会使血管骤然收缩变细，其后果是血流量显著减少，胃肠道消化液停止分泌，由此导致人体生理功能的失调，诱发上腹阵发性绞痛和呕吐等症状，在临床上被称为冰箱胃炎。

④ 冰箱头痛。过量食用电冰箱里的冰镇食物，除了会引发胃肠等炎症外，还容易引起其他一系列疾病。例如，大量喝冰镇冷饮，或者大量吃冰激淋等，就会造成头痛。刚从电冰箱冷冻室取出的食品温度一般在−6℃以下，而口腔温度却在 37℃左右。如果快速进食温度相差悬殊的冷食，就会刺激口腔内的黏膜，并反射性地引起头部血管痉挛，从而产生头晕、头痛、恶心等一系列症状。

21. 为什么要警惕冰箱内的“嗜冷菌”？

综观“冰箱病”对人们健康的危害，致病微生物仍然是其中的“罪魁祸首”。那么，适宜在冰箱低温环境中生长的致病微生物有哪些呢？科学家发现，适宜电冰箱环境的致病微生物多为“嗜冷菌”。那么，什么是嗜冷菌呢？

原来，嗜冷菌是一类菌的总称，一般在0℃～20℃环境下最适宜生长。嗜冷菌最常见的品种有耶尔森氏菌、李斯特菌、荧光假单胞菌和类丹毒杆菌。嗜冷菌之所以可以在冰点下存活与繁殖，是因为它们有一种特殊的脂类细胞膜，这种细胞膜能增强嗜冷菌蛋白质的“抗冻能力”。

① 耶尔森氏菌为动物肠道寄生菌，在动物体内及蔬菜、乳和乳制品、肉类、豆制品、沙拉，以及牡蛎、哈（一种双壳类动物）和虾中都有分布。耶尔森氏菌具有嗜冷性，在0℃～8℃时均可繁殖。当食品遭到污染之后，耶尔森氏菌在冷藏环境中仍能继续繁殖。因此，耶尔森氏菌为冰箱肠炎的致病菌。

② 李斯特菌在环境中无处不在，它在4℃的环境中仍可生长繁殖，是冷藏食品中威胁人类健康的主要病原菌之一。在绝大多数食品中都能找到李斯特菌，肉类、蛋类、禽类、海产品、乳制品、蔬菜等被证实是李斯特菌的感染源。单核细胞增生的李斯特菌是一种人畜共患病的病原菌，能引起严重的食物中毒。

③ 荧光假单胞菌在自然界分布很广，在4℃时繁殖速度很快。荧光假单胞菌是导致奶类、蛋类食品在低温条件下腐败变质的主要细菌之一。在临床上最多见的是血液及血制品被荧光假单胞菌污染，当病人输入被污染的血液及血制品后，往往会出现严

重的后果。

④ 类丹毒杆菌广泛地存在于土壤、水源和蔬菜中，在家畜、野生动物、鸟类中也普遍存在，但对它们来说并不致病。而当人们接触或食用染菌的动物或食品后即可被感染，并具备一定的危害性。

22. 预防“冰箱病”有哪些禁忌？

① 电冰箱里生熟食物不宜混放。在电冰箱内存放食物不可生熟混放在一起，以防止出现交叉污染。有些食品在放入电冰箱前，需要进行一些必要的处理。例如，蔬菜要先择除腐叶，鱼类应先除去内脏和鱼鳞，加热食品应充分冷却后再放入电冰箱……要按照食物生熟分开的原则，根据存放时间和温度要求的不同，合理利用箱内的空间，减少食物的污染。

② 存放食物不宜太多。在电冰箱里存放食品不宜堆积，互相之间要留有适当的间隙。为了防止食品的干耗和串味，可用食品袋把食品包好后再放入电冰箱。对于大件大块的食品，应先切开后再存放。对于剩饭和剩菜要单独摆放，以避免发生污染。从电冰箱里往外取食物时，应坚持用多少取多少的原则，尽量不要把用不完的食物再放回去。经过解冻的食品，也不要再行放入电冰箱内进行冷冻。

③ 存放时间不宜过长。在往电冰箱里存放食品的时候，要根据不同食品的存放时间，选择适当的存放区间。电冰箱存放食物的时间不宜过长，以防发生污染。一般肉类的冷藏时间不宜超过两天，瓜果蔬菜不宜超过 5 天。为了防止冷藏食品超过规定的存放时间，最好在电冰箱外面挂上一个小本子，以便记录各种食品的存入时间。存放的熟食一定要加热煮沸，瓜果一定要洗涤干

净后再吃。

④ 冷冻食品不宜马上吃。在电冰箱里冷冻的冰糕、冷饮、冷食，不要取出来就吃，即使大汗淋漓也不要马上食用，以防发生“冰箱病”。冷藏过的食物，一定要在室温下放置一段时间再食用，在口渴难忍时更应当注意不过量食用冰镇食物，这样才能中和暑热又不伤脾胃。对于儿童和老人等脾胃虚弱、消化能力较差的人，最好要少吃或不吃冷饮和冷食。食用从电冰箱中取出的食物，需要加热的应将之彻底加热后再食用。特别是剩饭剩菜，最好能回锅热一下再食用。一般加热 15 分钟以上，就可以去除可能污染的嗜冷菌了，这样可以减少腹泻的发生。

⑤ 电冰箱内环境不宜污浊。保持电冰箱内环境的干净整洁，可以有效防止细菌的污染和繁殖，这是减少嗜冷菌危害的有效方法之一。夏季，每个星期都要对电冰箱进行一次清洗和消毒，可用 0.5%的漂白粉擦洗，要特别注意擦洗箱缝、拐角、隔架，再用洁净的湿布擦拭干净。定期清洁电冰箱，尤其是排气口和蒸发器，对防止“冰箱病”具有重要的意义。

23. 哪些果蔬食物不宜在电冰箱内冷藏?

对于怕冷的果蔬食物是不宜将它们放入电冰箱进行冷藏的，以防发生“冻伤”现象。

像黄瓜、青椒、茄子等蔬菜就不宜在电冰箱中冷藏，否则就有可能出现变黑、变软、变味现象。对于南瓜、萝卜、洋葱、薯类、罐头等食品也是不宜冷藏的，因此也不要放入电冰箱内进行冷藏。像土豆等食品，一般不容易发生腐烂，存放于室内阴凉干燥处就可以了。

像香蕉、火龙果、芒果、荔枝、龙眼、木瓜、红毛丹等热带

水果就属于怕冷食物，是不宜在冰箱中冷藏的，否则不仅会造成营养损失，而且果肉还会变黑和变味。例如，新鲜荔枝在0℃的环境中放置一天，就会表皮变黑，果肉变味。香蕉在12℃以下就容易发黑腐烂，因此是不能放入冰箱储存的。

像橙子、柠檬、橘子等柑橘类的水果，在低温情况下其表皮中的油脂就很容易渗到果肉当中，使得果肉容易发苦，所以也不适宜放入电冰箱进行储藏。对于柑橘类水果，最好放置在15℃左右的室温下储藏。像苹果和西瓜等则可以放到电冰箱做短期存放，以延长其保质期。

对于像草莓、杨梅、桑葚等即食类水果，则最好即买即食，不要放入电冰箱储存，以防影响口味和发生霉变。对于未成熟的水果，则更不要将其放入电冰箱，否则就很难使其正常地成熟。一般可将未成熟的水果置于阴凉、通风、避光处储藏。

24. 为什么面包不宜存放在电冰箱内?

面包在烘烤过程中，其内部发生了复杂的微生物学变化和生化反应，其中酸性微生物参与了面包的色泽、口感和风味的形成。淀粉糊化分解成糊精和麦芽糖，而糊精结合大量水是形成淀粉凝胶并构成面包松软口感的重要因素之一。面筋蛋白变性释放部分结合水，是形成面包蜂窝或海绵状组织的主要原因。

面粉中的淀粉直链部分已经老化，这是面包产生弹性和柔软结构的原因。随着放置时间的延长，面包中的支链淀粉的直链部分也在缓慢地发生着缔合作用，从而使柔软的面包逐渐变硬，这种现象叫作面包的“变陈”。研究认为，面包的“变陈”速度与温度密切相关。例如，面包在低温时（冰点以上）老化速度比较快，因此如果把面包放到电冰箱中，那么其变硬的速度就更快了。

25. 电冰箱放鱼有哪些窍门?

放入电冰箱存放的鱼类，一定要新鲜硬结，质量优良，解冻后的鱼类是不宜再放入电冰箱保存的。如果是鲜鱼，则应先去掉鳞和内脏，洗净沥干后再分成小段，然后分别用保鲜袋或塑料食品袋包装好，再放入电冰箱进行保存，以防鱼类干燥和腥味扩散。如果是鱼类食品，则必须用保鲜袋或塑料食品袋密封后再放入电冰箱内，咸鱼一般应储藏于冷藏室内。

如果需要把新鲜的河虾或海虾冷冻起来保存，那么可先用清水把虾冲洗干净，然后放入金属盒中，并注入冷水将虾浸没，再放入冷冻室内进行冻结。待冻结后把金属盒取出来，放一会儿后把冻结的虾块倒出来，然后用保鲜袋或塑料食品袋包装密封，放入冷冻室内进行贮藏。

在电冰箱里放鱼时间不宜太长，以免出现鱼体酸败变质。家用电冰箱的冷冻温度一般为－15℃，而鱼类等水产品的安全储藏温度为－30℃以下。例如，鲫鱼在电冰箱中长时间存放，就容易出现鱼体腐败现象，从而丧失食用价值。

26. 为什么巧克力不宜在电冰箱中保存?

巧克力是很多人都非常喜欢的食品，为了能够把巧克力保存的时间长一点，有人习惯把巧克力放在电冰箱里进行储存，其实这种做法是不科学的。

经过冷藏的巧克力往往会失去原有的醇厚香味和口感。在电冰箱内的高湿环境中，巧克力中的糖分很容易被表面的水分所溶解。从电冰箱里取出巧克力之后，在其表面往往容易出现一层白

霜。其实，这层白霜就是巧克力表面水分蒸发后析出的糖霜水，它溶解渗透到巧克力表面的可可油粒后形成的再结晶，使巧克力出现了返霜现象。而且，电冰箱内的高湿环境还十分有利于细菌的繁殖生长，因此很容易使巧克力发霉变质，从而为人们的健康带来危害。

巧克力的最佳储存温度为5℃～18℃。在夏天室温过高时，可先用塑料袋将巧克力密封，再置于电冰箱冷藏室储存。注意取出巧克力时不要立即打开，应让它慢慢回温至室温时再食用。

27. 食品在电冰箱中存放的期限为多长?

各种食品由于所含的营养成分、水分、酸度、盐分及组织结构不同，保存的温度和期限也不一样。表1-2是一些常见食品在冷藏和冷冻条件下的保存期限，仅供参考。

表1-2　常见食品在冰箱中的存放期限

食品名称	冷藏期限	冷冻期限
鸡肉	2～3天	1年
鱼类	1～2天	3～4个月
牛肉	1～2天	3个月
猪肉	2～3天	3个月
香肠	9天	2个月
面包	2～3天	2～3个月
苹果	2～3天	
柑橘	1周	
菠菜	3～5天	
胡萝卜	1～2周	
罐头（未开罐）	360天	

续表 1-2

鲜蛋	1～2 个月	
熟蛋	6～7 天	
牛奶	5～6 天	
酸奶	7～10 天	
咖啡	2 周	
食品名称	冷藏期限	冷冻期限
梨	1～2 天	
熟西红柿	12 天	
花生酱	3 个月	
芝麻酱	3 个月	

28. 为什么频繁打开冰箱门隐患多？

在许多人看来，电冰箱简直就是一个“保险箱”。其实，电冰箱内的低温环境只是对多数细菌起到了一种抑菌的作用，而对“嗜冷菌”却创造了一个极其舒适的繁殖环境。所以，我们对“嗜冷菌”的危害不能掉以轻心。

遏制“嗜冷菌”的危害，应做到防患于未然。例如，频繁打开冰箱门就存在很多健康隐患。随着电冰箱门开启次数的增多，冰箱内温度的骤变为“嗜冷菌”大量繁殖创造了更适宜的条件，并因此加重了夏季冰箱污染的程度。当人们食用了被“嗜冷菌”污染而又未煮透的食物时，就会出现恶心、腹痛、腹泻等症状。

29. 电冰箱化霜有哪些方法？

电冰箱化霜的方法主要有 3 种，即人工化霜、半自动化霜和

全自动化霜。

① 人工化霜：当霜层厚度达到一定量的时候，就应当进行人工化霜了。其方法：拔下电冰箱的电源插头，让压缩机停止工作，自然箱内的温度就会回升，因此霜层就会自行化掉。

② 半自动化霜：有些中档电冰箱在温度控制器上附设了一个化霜控制按钮，在化霜时只需按下这个按钮就可以了，由于压缩机停转使得冰箱内温度自行回升。当冰箱内温度升至 10℃左右时，蒸发器表面的温度大约达到 6℃时化霜即可完成。此时，温控器可以自动操作，从而使压缩机恢复运转。

③ 全自动化霜：目前部分高档电冰箱采用的是全自动化霜。所谓全自动化霜，是指整个化霜操作无须人工参与，电冰箱按一定的时间间隔自动地完成化箱操作，间冷式电冰箱定时化霜装置一般均采用全自动化霜。间冷式电冰箱定时化霜装置一般由定时化霜继电器、双金属化霜停止温控器、化霜加热器、化霜保护熔断器 4 部分组成。该控制系统利用一只微型电钟控制每 8 小时或 12 小时化霜一次。在化霜时，压缩机停转，安装在蒸发器表面的电热元件通电加热，自动化霜完成后电热元件立即断电，压缩机恢复运转。

30. 为什么冷冻食品解冻后不宜再放入电冰箱?

经解冻的肉类和鱼类等食品不宜再次放置于电冰箱进行保存，因为这类食品在解冻过程中很有可能受到污染，微生物往往会迅速繁殖，从而对人们的饮食健康构成威胁。

鸡、鸭、鱼、肉等肉类食品经过冷冻后，其组织细胞往往会受到破坏。经过解冻处理以后，被破坏了的组织细胞会渗出大量的蛋白质，这就为细菌繁殖提供了丰富的营养。

有实验证明，把冷冻了1天的新鲜青花鱼，放在温度为30℃的环境下6小时，其发生腐败的速度甚至要比鲜鱼快1倍。

将解冻的蛋黄放在18℃的环境下2小时，污染的细菌数可增加大约2倍；8小时后细菌数可增加50倍以上。

从电冰箱内拿出的冰激淋，也不宜再次放入电冰箱冷冻。因为解冻后的冰激淋很容易成为沙门氏菌和李斯特菌等病菌的“培养基”。

所以，冷冻食品一经解冻就要尽快加工食用，不宜长时间存放，更不宜二次存放于电冰箱内，以防引起食物中毒。

知识衔接

电冰箱储存食物小常识

① 奶酪在放入电冰箱之前要包膜。奶酪应用保鲜膜包好再放到电冰箱内，注意未经低温消毒的奶酪保存期不要超过7天。

② 番茄酱需要用保鲜膜封口。一般家庭应尽量购买小包装番茄酱，或者软管装的番茄酱。对于罐装（瓶装）番茄酱，开罐后应当用保鲜膜封好罐口再放入电冰箱冷藏室内，一般可保存1个月左右。

③ 鲜虾应先用水氽一下再放入电冰箱。因为在冷藏前，用水把鲜虾氽一下可使其保持特有的红色，也有利于保持其鲜味。

④ 不可把腌制品放入冷冻室内。腌制品可用保鲜膜或食品袋扎紧后密封，然后储藏于电冰箱冷藏室内，其适宜温度以3～8℃为好。

⑤ 大块鱼肉原料可切段冷藏。将鲜鱼切段后，可撒些细盐再放入电冰箱冷藏，保鲜效果会更好。

⑥ 不要把洋葱放到电冰箱里。因为洋葱在电冰箱内容易发芽，从而影响其食用性。只需把洋葱放在干燥阴凉处就可以了。

⑦ 应将甜玉米粒放在密闭容器中再放入电冰箱。开瓶（罐）的甜玉米粒，如果一次没有食用完，那么应把剩余的甜玉米粒放在密封的塑料器皿中，再放入电冰箱进行储存。

⑧ 开瓶的果酱要防变质。瓶装的果酱一旦开瓶之后，就应放入电冰箱内进行保存。但要注意每次取果酱时，要用干净不沾水的茶匙挖取，以防止果酱品质变坏。

31. 在电冰箱中储藏蔬菜有哪些诀窍?

由于新鲜蔬菜含水量高，非常容易打蔫和腐烂。特别是叶菜类蔬菜，应当鲜菜鲜吃比较好。如果要保持蔬菜的新鲜度，放入电冰箱做短暂的保存确实是一个好办法。但是，在电冰箱中储藏有很多讲究，不然是得不偿失的。

一般绿叶蔬菜应套上保鲜袋或塑料袋再放到电冰箱内保存，电冰箱冷藏温度最好控制在0℃～4℃，才能达到保鲜效果。但在储藏前蔬菜最好不要清洗，否则蔬菜很容易被捂烂。放置时间也不宜太长，否则是非常危险的。

原来，绿叶蔬菜中最大的危险来自其中的硝酸盐。硝酸盐本身是没有毒害的，但在电冰箱中储藏一段时间之后，由于蔬菜中生物酶和微生物的共同作用，硝酸盐往往会被还原成亚硝酸盐。亚硝酸盐是一种有毒物质，它在人体内可与蛋白质类物质相结合，并且是导致胃癌的重要因素之一。

新鲜蔬菜买来后应当尽快食用。放在电冰箱里的绿叶蔬菜，应在 24 小时内及时吃掉。凡是已经发黄、水渍化的蔬菜，其中亚硝酸盐含量都非常高，千万不可食用。

炒熟的剩菜如果要存放，应将其放凉后再放入电冰箱。从冰箱里取出的剩饭剩菜也不能直接食用，要在彻底加热后才能食用。

西红柿是不适合放入电冰箱进行储藏的。因为西红柿经低温冷藏后，肉质就会呈水泡状，显得有些软烂，或者发生散裂现象，外表有黑斑，鲜味也会消失，不容易煮熟，严重的还会发生酸败腐烂。

知识衔接

瓜果蔬菜电冰箱保鲜法

① 喷水保鲜法：对于菠菜、芹菜等蔬菜，应先喷点水，然后用塑料袋包扎好再放入电冰箱。

② 水泡保鲜法：豆腐应先泡在水中再放入电冰箱存放。这样可以防止豆腐中水分的溢出，以抑制其风味变差。

③ 薄纸保鲜法：当瓜果被切开以后，可用保鲜纸贴在切面上再存放电冰箱中，这样可以加快其冷却，还可以保持其香味不受损失。

④ 吊挂保鲜法：把生姜放入塑料袋内，吊挂在电冰箱的棚架上，这样可以防腐。

32. 在电冰箱内冷冻存放肉类应注意什么？

肉类在电冰箱内存放前应进行相应处理。比如，在存放鱼肉、猪肉、牛肉等肉类食物时，最好是把肉类洗净后切成适当大小的肉块，以适合一餐食用为宜。如果直接切成肉丝或肉片也是可以的，然后分别装在冷藏盒或保鲜袋中封好，再放入冷冻室进行保存。

保存肉类千万不要反复化冻，否则脱水过多、污染加重、肉质变差。因为反复化冻不仅会使肉类的纤维变硬，而且会损失其营养和风味。最好把大块肉分割成小块后再放入冰箱内存放，本着用多少取多少的原则，不要把取出的肉块反复解冻和再冰冻。在冷冻室（－18℃）内肉类的存放期大约为 3 个月。

第二章　厨卫电器的健康使用

1. 影响微波烹调时间的因素主要有哪些?

① 食物初温。食物本身的初温越低，需要加热的时间越长。

② 食物大小。小块食物要比大块食物熟得快。所以，在利用微波加热时，最好能将食物切成小于5cm见方的小块，这样可以缩短微波烹调的时间。

③ 食物形状。在食物形状大小一致时，烹调加热的均匀性更好。因此，在利用微波加热时，通常把食品切片或切丁，这样的加热效果更好。

④ 食物数量。一般来说，烹调加热的食物量越多，需要的烹调时间也越长。

⑤ 食物密度。微波能穿透食物的深度，往往与食物内部的密度有关。一般来说，多孔的食物要比密度高的食物更容易被微波穿透。

⑥ 食物含水量。微波能被水分子吸收，所以含水量高的食物烹调效果较好。植物性食物含水量多，一般可达到80%～95%;而动物性食物含水量波动很大，但要低于植物性食物。所以，用微波炉烹饪动物性食物，需要的时间要比植物性食物长一些。

⑦ 容器形状。在利用微波加热时，盛放食物的容器也会影响加热效果。一般来说，圆形、浅口、吸热少且穿透率高的容器，其加热效果最好。

2. 利用微波炉进行烹饪有哪些技巧?

由于微波烹饪与常规烹饪具有许多不同之处，因此微波烹饪需要掌握一些特殊的技巧。

① 覆盖。微波烹饪非常容易失水，使得食物脱水变硬，从而影响食物的口感和风味。所以，在微波烹饪时需要把食物覆盖住，以控制水分的损失，并挡住食物过热时发出的喷溅。覆盖可以用容器本身的盖子，也可以使用微波适用保鲜膜等。但覆盖不能太严，应该留有缝隙或戳有气孔，以防因容器内气压过高而发生爆破。

② 穿刺。在进行微波烹饪之前，对于那些带有外壳或内膜的食物，以及表面被密封的食物，须先用针或牙签穿刺。这样可使食物在迅速加热过程中产生的蒸汽，能迅速通过这些小孔溢出，以防发生爆破现象。

③ 搁置。使用微波烹饪，“搁置”几分钟是非常重要的。因为微波烹调可使食物聚集很多的能量，在从炉中取出食物后食物内部还能继续加热 2～3 分钟。食物在微波炉中加热后“搁置”一定时间，可使食物内部的热量进行传递，从而使食物内外的温度趋于一致。特别是对比较厚的食物或者含盐较多的食物，微波往往不能穿透到食物中心，这样就需要通过“搁置”使食物自身的热量完成对食物中心的烹饪。

④ 搅拌。在烹饪汤类和糊状食物时，往往会出现食物受热不均匀的情况。如果在加热过程中，视情况停机后用筷子或汤匙将食物搅拌一两次，就可以解决受热不均匀的问题了。

⑤ 翻转。对于整条鱼和猪排等大块食物，在烹调加热过程中可采用翻转的方法，改善烹调加热的效果。例如，在微波烹饪一段时间后，可将大块食物翻转一次。

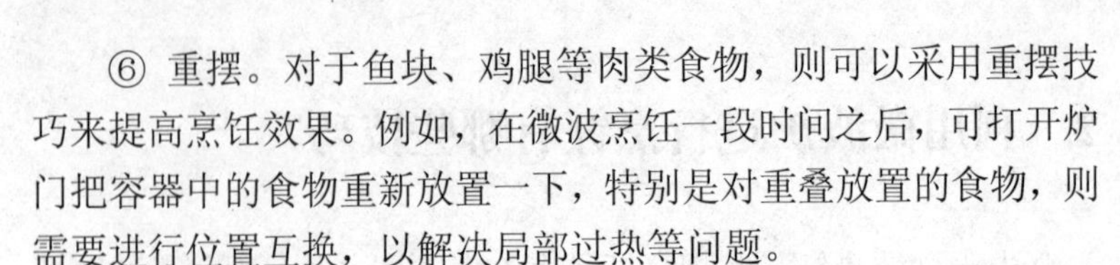

⑥ 重摆。对于鱼块、鸡腿等肉类食物，则可以采用重摆技巧来提高烹饪效果。例如，在微波烹饪一段时间之后，可打开炉门把容器中的食物重新放置一下，特别是对重叠放置的食物，则需要进行位置互换，以解决局部过热等问题。

3. 如何选择适合微波炉使用的器皿？

在使用微波炉烹饪食物时，食物是不能直接放在转盘上的，应选用微波炉专用器皿盛放，然后才能放在微波炉的转盘上进行加热。如果微波炉加热器皿选择不当，不但会造成微波炉的损坏，还会产生有害物质而影响人体健康。

选择微波炉器皿时应注意哪些问题呢？一般来说，选用微波炉烹饪器皿应满足以下三个方面的要求。

① 应易于被微波穿透。即不会对微波产生反射，从而完成对食物的加热。

② 应具有耐高温的特性。因为用微波加热食品要求器皿的耐热温度比加热食物的温度还要高。

③ 应满足食品卫生方面的要求。即要求器皿在加热过程中没有有害物质析出，以防发生食物污染。

根据上述三个方面的要求，通常选用的烹饪器皿有耐热玻璃器皿、耐热陶瓷器皿、耐热塑料器皿等。一般来说，可以优先选用玻璃烹饪器皿，包括由微晶玻璃制成的器皿，以及硼硅酸玻璃器皿、陶瓷玻璃等耐热材料器皿，具体见表 2-1。

表 2-1　微波炉使用器皿的选择

容器材料		微波烹调	烧烤烹调	组合烹调
玻璃容器	耐热玻璃	可用	可用	可用
	非耐热玻璃	不可用	不可用	不可用

续表 2-1

容器材料		微波烹调	烧烤烹调	组合烹调
陶瓷容器	耐热陶瓷	可用	可用	可用
	普通陶瓷	不可用	不可用	不可用
	有金银线装饰的陶瓷	不可用	不可用	不可用
塑料容器	耐热塑料	标注“可微波炉用”的可用	不可用	不可用
	非耐热塑料	不可用	不可用	不可用
金属容器	铝、不锈钢、搪瓷等金属容器	不可用	不可用	不可用
	铝箔	不可用（解冻食品时可适当使用）	可用（将食品包裹后进行烘烤）	不可用
木、竹、纸等容器	干态木、竹、纸等制品	不可用	不可用	不可用
	经过耐热处理的纸制品	不可用	可用	不可用
保鲜膜	微波炉专用保鲜膜	可用	可用	可用
	普通保鲜膜	不可用	不可用	不可用
油漆容器		不可用	不可用	不可用

4. 为什么有些器皿不能在微波炉中加热使用？

① 用金属制成的器皿不能在微波炉中加热使用。因为用铁、铝、不锈钢、搪瓷等金属制成的器皿，包括镶有金银花边的瓷制碗碟等，在微波炉内不能被微波穿透，而且微波炉在加热时还会与之产生电火花并反射微波，严重时还有可能损坏磁控管。

② 用普通塑料制成的容器不能在微波炉中加热使用。由于普通塑料容器的耐热性很差，在加热过程中容器容易发生变形。同时，普通塑料在高温时还会释放有毒物质，从而引起食物污染，

对人们的身体健康构成威胁。PVC 保鲜膜是用聚氯乙烯制成的，不得在高温下使用。

③ 用油漆漆过的容器不能在微波炉中加热使用。因为用油漆漆过的容器，其上面的漆层会在受热时发生脱落和熔化，一方面容器本身可能产生裂痕，另一方面还会产生有害物质，对健康不利。用含有金属锡纸的包装袋包装的食品（如部分液态奶、饮料和一些熟食等），也不能带包装用微波炉进行加热。这是因为金属锡纸会反射微波，并且在微波炉内加热时有可能发生燃烧。

④ 用不耐热玻璃制成的容器不能在微波炉中加热使用。因为不耐热的玻璃器皿在高温下容易发生破裂，甚至会发生伤害事故。

⑤ 用可燃材料制成的餐具也不能在微波炉中加热使用。例如，用草、柳、木、竹、纸等可燃材料制成的餐具，尽管在短时间内加热时可以使用，但在微波炉中加热使用极有可能会被烧焦，甚至引起微波炉内着火，所以最好不要在微波炉中使用可燃材料制成的餐具。

5. 为什么微波超时加热危害大?

微波炉属于大功率电器，由于其加热效率比较高，所以一般都能在很短的时间内完成加热。具体的加热时间应视材料及用量而定，还与食物新鲜程度及含水量有关。因此，应当按照食物的种类和烹饪要求，调节定时及功率旋钮。

一般来说，不同的食物需要的加热时间也不同，在不能确定食物所需的加热时间时，宜坚持“宁短勿长”的原则，在加热后视食物的生熟程度再追加加热时间。否则，如果加热时间过长，则往往会使食物的品质变劣，甚至产生一些有害物质。如果放入

微波炉解冻或加热的食物，超过 2 小时仍没有取出，就不要再食用了，以免引起食物中毒。

6. 为什么在微波炉加热食品时不宜使用保鲜膜？

保鲜膜是一类常用的以保鲜食品为目的的塑料包装制品，目前在很多家庭都得到了推广和普及。那么，在微波炉烹饪食物时能否使用保鲜膜包裹食品呢？

一般来说，保鲜膜都有适度的透氧性和透湿度，因此能调节被保鲜食品周围的氧气含量和水分含量，从而延长食品的保鲜期。因此，可以根据不同的用途选用不同的保鲜膜。目前市面上的保鲜膜主要有聚乙烯（PE）、聚氯乙烯（PVC）和聚偏二氯乙烯（PVDC）三种。它们都是以乙烯母料为基本原料制成的，根据乙烯母料的不同可以分为不同的种类。

① 聚乙烯。耐热性好，但在温度超过 110℃时会出现热熔现象，主要用于水果、蔬菜等食品的包装。聚乙烯遇高温容易分解出对人体有害的物质，所以在微波炉加热食品时不建议使用。

② 聚氯乙烯。该保鲜膜在制作过程中，为了增加膜的韧性和透明度，加入了 35%左右的增塑剂 DEHA。这种添加剂会在遇油、遇热后析出，进入食品后就构成了食品的安全隐患。这种材料虽也可以用于食品包装，但仅适用于包裹生鲜食品，不可包裹高油性食品，更不能放在微波炉中加热。

③ 聚偏二氯乙烯。主要用于一些熟食产品的包装，不宜在微波炉加热食品时使用。

按照规定，可用于包装食品的保鲜膜应标有“食品用”字样，并标示“不能接触带油脂食品”“不得微波炉加热”“不得高温使用”等警示性用语。

7. 如何使用微波炉的解冻功能？

从冰箱中取出的冷冻食品，如何才能实现快速解冻呢？对许多人来说这可能是一个让人头疼的问题，但这在拥有微波炉的家庭中就不是一个大问题了。那么，应当如何使用微波炉的解冻功能呢？

利用微波炉的解冻功能快速解冻食物，是非常方便快捷的。并且由于微波可以在食物的内外部同时进行加热，所以微波炉解冻要比一般由表及里的解冻快很多。从冰箱里拿出冷冻食物后，可直接放在微波炉中进行解冻。解冻以后的食物最佳状态仍然为冰凉固态，外表到中心的温度为1℃～2℃即可。不要将食物完全解冻到柔软的状态，这样切割起来反倒不方便，并且还会损失部分营养物质。

为了防止在解冻食物时发生过火变熟现象，可以使用微波炉“解冻”挡的默认状态（低火力）。同时，要注意翻转食物，以达到均匀解冻的效果。但在冬夏两季用电高峰期解冻食物时，由于电压环境较差可能会影响微波炉的输出功率，可适当加长解冻时间或改用中高火力进行解冻。

肉类食物在冰箱冷冻过程中，由于肉皮层、脂肪层、瘦肉层等部分被冷冻的程度存在差异，所以在解冻时可能会出现一些“过度解冻”或“未完全解冻”的部分，这些都是正常现象。要注意在同等火力下，不同的肉类品种需要不同的解冻时间，一般猪、牛肉的解冻时间最长，禽类稍短，鱼类最短。

对于一般的小件肉类，如鸡翅、薄块肉类等，可以平放在碟上进行解冻。对于块头较大的肉类，还要注意解冻的食品直径不

要超过 5cm，块头太大会影响微波的穿透性，容易产生“外焦里冻”的现象。

8. 使用微波炉加热肉类应注意哪些问题?

冰冻肉类食品在微波炉中解冻后，再加工烹饪成熟食制品。已经过微波炉解冻的肉类，是不能再放入冰箱内进行冷冻的。

肉类经过解冻后，就失去了对细菌等微生物的抑制作用。即使再放入冰箱进行冷冻，也不能将活菌等微生物杀灭。

对于已解冻的肉类，如果想再次放入冰箱进行冷冻，可以将其加热至全熟，然后放入冰箱进行冷冻。

对于已加热至半熟的肉类，也不适于再用微波炉进行加热。因为肉类在半熟状态下更有利于细菌的繁殖，而再次使用微波炉加热时，由于时间很短，因此无法将细菌全部杀灭。

9. 为什么不要带袋加热牛奶?

随着现代生活水平的提高，越来越多的人开始饮用袋装牛奶。由于人们一味追求速度和便捷，因此有些人习惯用微波炉加热袋装牛奶。其实，这样加热牛奶的方法是不科学的，不仅不利于人体健康，还容易引发火灾事故。

在微波炉中直接加热袋装牛奶，往往会带来健康和安全方面的隐患。袋装牛奶所选用的包装材料一般为含有阻透性的聚合物，或者为含有铝箔材料的包装物。这样的包装材料用于液态奶的保存，可以有 1 个月甚至几个月的保质期。

聚合物材料的主要成分为聚乙烯，在温度达到 115℃时就会发生分解，所以这种包装的袋装牛奶不能带袋放入微波炉中加热。而用铝箔包装的袋装牛奶，由于铝箔属于金属材料，在微波加热时容易着火，所以应绝对禁止在微波炉中加热铝箔包装的袋装牛奶。

袋装牛奶在生产过程中已经采用了高温灭菌处理，因此一般在保质期内直接饮用是安全的。如果再放入微波炉中进行高温加热，那么反而会破坏牛奶中的营养成分，牛奶中添加的维生素也会遭到破坏。如果在袋装牛奶的包装材料上没有注明“可用微波炉加热”的字样，就不适宜直接放入微波炉中进行加热。

对于袋装牛奶，直接饮用是比较不错的选择。而对于怕凉的朋友来说，可将袋装的牛奶倒入微波专用容器，然后用微波炉进行加热。也可以将奶袋放在杯子中，用 100℃以下的开水烫温一下。无论是微波加热还是开水烫温加热，时间都不宜太长。

10. 微波炉加热牛奶为什么不宜超过 1 分钟?

因为加热一般会破坏牛奶的营养成分，所以在加热牛奶时必须考虑营养成分的变化情况。而微波炉的加热速度极快，因此在加热牛奶时必须严格控制时间长短。有专家认为，利用微波炉加热牛奶不宜超过 1 分钟。

微波炉具有很强的热力效应，如果在微波炉中加热牛奶时间过长，往往会使牛奶中的蛋白质发生凝胶现象，从而导致沉积物出现而影响乳品质量。同时，牛奶加热的时间越长，加热的温度越高，其中营养物质的流失就越严重。牛奶中容易损失的营养成分主要有维生素，其中维生素 C 的损失最为厉害。另外，牛奶中的酶类、活性物质也会在高温加热过程中受损，从而降低了牛奶的营养价值。此外，煮沸后牛奶中的乳糖会发生焦化现象，而焦糖对身体是有害的。

11. 为什么不宜用微波炉加热酸奶？

酸奶是一种老少皆宜的益生菌发酵饮品，主要分为搅拌型和凝固型两种类型。搅拌型酸奶是在杀菌后的乳制品中投入益生菌进行发酵制成的，当发酵温度达到42℃左右时让其迅速降温到4℃，然后进行机械搅拌后包装成形。凝固型酸奶则是在巴氏消毒奶中投入益生菌，再把乳制品灌入包装后放在42℃恒温室中进行发酵制成的，发酵成形后再送入冷库进行降温。

无论是何种类型的酸奶，都不建议使用微波炉进行加热。因为加热温度只要超过42℃，酸奶中的乳酸菌等益生菌就会发生衰亡，使得乳酸菌的活性大幅度下降，并且人体吸收的营养成分也会下降。

12. 微波炉加热粽子有哪些窍门？

在我国，流传有端午节吃粽子的习惯。但买回来的粽子一次吃不完，不得不放在冰箱里保存。而粽子为热食时口感才好，那么应如何利用微波炉加热粽子呢？

利用微波炉加热粽子具有多方面的优势，一是加热速度快，二是吃起来口感好。但是，利用微波炉加热粽子是有窍门的。在加热之前，应先把粽子稍微用水浸湿一下，这样加热后的粽子口感会更好。把粽子放到适用微波炉的食物保鲜袋，拧上袋口后应在保鲜袋上留一个小孔出气。然后，将装有粽子的保鲜袋放进微波炉中，一般较小的粽子用高火加热30秒到1分钟即可，较大的粽子不宜超过两三分钟。

当然，先剥去粽子外面的叶子，再放进食物保鲜袋中进行微波加热也是可以的。不过，微波加热的时间都不宜太长，否则粽子就会变硬，从而影响其口感。如果是从冰箱冷冻室取出来的粽子，在加热时可选用微波解冻挡进行加热，这样才能达到里外均匀加热的目的。

13. 怎样用微波炉加热饭菜?

利用微波炉加热饭菜，具有方便、省时、节能的特点。但是，利用微波炉加热饭菜还有许多讲究，否则将影响饭菜的营养和口感。那么，利用微波炉加热饭菜应注意哪些事项呢？

① 利用微波炉加热馒头。馒头是常见的主食之一，热着吃口感比较好。在微波炉里加热馒头，可用保鲜膜把馒头包起来，注意稍微留一点小缝以利于出气。如果保鲜膜包得很严，用牙签扎一个小孔也可以。然后将其放到微波炉里用解冻挡加热一分钟，这样热出来的馒头松软可口。也可以把馒头放在带盖的玻璃碗中，盖上盖子加热半分钟。也可以在水龙头下浇一下水，然后直接放进微波炉加热 30 秒～1 分钟，这样热出来的馒头也很好吃。

② 利用微波炉加热米饭。为了防止米饭中水分的过分蒸发，应在米饭上喷一些水，并要盖上盖子加热。一般情况下，利用微波炉加热盒饭，加热时间宜控制在 2 分钟左右。假如饭菜还没有热透，那么应再放入微波炉稍转两圈即可，这样热出来的米饭才松软好吃。

③ 利用微波炉加热汤类。利用微波炉加热汤类食物，最好不要一次加热到位，以免发生汤汁四溅。如果分两次进行加热，在中途进行一次搅拌操作，那样会热得更快、更均匀一些。对于肉片、牛排发生翻转或者相互重叠较为严重的食品应进行重置，

有助于增强烹饪效果。从微波炉中取出汤类食物，一定要小心谨慎，以避免发生烫伤事故。

④ 利用微波炉加热素菜。由于叶菜类容易产生亚硝酸盐，因此一般不宜久存。对于品质尚好的素菜，在加热时最好能盖上盖子。一般素菜加热 2～3 分钟即可，如果是冰冻食物，则加热的时间要稍微长一点。

14. 电热水器内的水垢主要有哪些危害?

电热水器的水垢污染，为人们的生活用水及电热水器的正常使用带来了很大的困扰。那么，热水器内的水垢主要有哪些危害呢?

① 电热水器内的水垢有害人体健康。电热水器内的热水主要供人们洗浴使用，因此其水质好坏直接影响人们的身体健康。一般水垢中含有多种化学成分，长期的沉淀和积累使电热水器水中的有害物质不断增加，此外，黏泥、微生物、细菌在长时间不断更新、交替反应中也生成了很多有害物质，能引发多种皮肤病，造成皮肤瘙痒和起红点。

② 电热水器内的水垢有可能影响电热水器的安全性能。如果不能及时清理电热水器内胆中的水垢，那么内胆空间就会被水垢侵占，使得储水体积变小，热水量也相应减少，不仅会造成水路不畅和漏水，还会发生漏电的危险。

③ 电热水器内的水垢会使电热水器的能耗增加。由于水垢的导热性很差，加热棒上附着的水垢还会减弱加热效果，从而延长加热时间，增加电能消耗。

④ 电热水器内的水垢还会影响电热水器的使用寿命。沾结于内胆或管道表面的水垢，由于导热性很差，往往会导致受热面传热情况的恶化，由于热胀冷缩和受力不均，会极大地增加电热

水器爆裂的危险性。

15. 能用电热水器里的热水做饭吗？

有用户提出过这样的问题，能用电热水器里的热水做饭吗？一般来说，电热水器里的热水是不宜饮用的。

电热水器一般有一个储水箱，即在不使用的情况下储水箱里仍然是存有水的。这样，时间一长就有可能会滋生细菌，从而使之前加热的水受到污染。如果用电热水器里的水做饭，尽管在做饭时通过煮沸完全可以把细菌杀灭，但是由于这些水并不新鲜，因此不建议使用电热水器里的热水做饭。如果用电热水器里的热水洗米、洗菜，那么在洗完之后应用干净的自来水再冲洗一遍。

更何况，用电热水器里的热水做饭在节能方面也不具有任何优势。大多数人安装电热水器是为了洗澡方便，当然也可以用于一般的厨房洗涤。因此，用户可以对这样的功能定位进行温度设置，以达到节约电能的目的。

16. 为什么要养成定期清洗电热水器的习惯？

不少用户根本没有清洗电热水器的意识，更谈不上清洗电热水器的习惯了。电热水器的内胆结垢是一个不可回避的问题，积垢太多不仅影响人们的身体健康，而且会缩短热水器的寿命，严重的还会引发热水器的爆炸。为此，专业人士提醒消费者在使用电热水器时，最好是“半年一小洗，3 年一大洗”。图 2-1 所示为电热水器的排污口、热水出口及冷水出口位置图。

所谓“小洗”，是指简单的清洗，一般应每隔半年小洗一次，具体可按下面的步骤进行操作。一是拔掉插头，关闭两个三角阀。

二是拧开热水口螺帽，堵住热水口，防止电热水器的水流出。同时拧开冷水口螺帽，接上软管（花洒管子）排水，直到冷水口没有水流出为止。三是卸下接在冷水口上的软管，将软管一头接到热水口，一头接到水龙头，打开水龙头灌水 1 分钟，并堵上冷水口，让冷水在内胆里面多放一会儿，再打开冷水口排水，反复几次，直到排出的水干净为止。四是拧上冷水口、热水口的螺帽，打开三角阀，并打开热水器水龙头的热水，等水流出后关闭即可。

所谓“大洗”，是指深度的清洗，一般应每隔 3 年大洗一次。为了确保清洗安全，最好请专业的维修人员进行清洁。在清洗前，电热水器的水温最好控制在 50℃以下，这样的水温可以直接排到下水管道，不会对管道造成不利影响。在清洗时，电热水器如果有排污口的话，可以同时打开排污口，因为排污口的位置比冷水口更低，因此排污更为彻底。在电热水器的内部，热水管口在高处，位置在离内胆顶端约 2cm 的地方，而冷水管口在低处，离内胆底部约 3cm。平时用电热水器的时候，冷水管是一直进水的，热水被冷水挤压到顶部，顺着热水管出水，而水垢则沉淀在内胆底部，并不会通过热水管排出来。

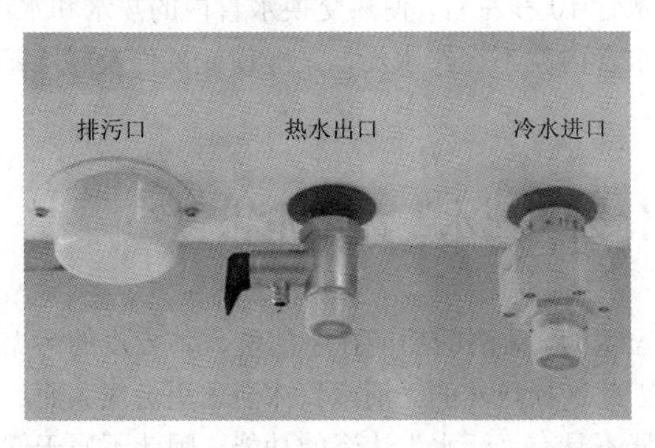

图 2-1　电热水器的排污口、热水出口及冷水进口

17. 在使用中如何减少水垢的形成?

① 净化进水水质可以减少水垢的产生。由于普通电热水器的发热管通常是直接置于水中进行加热的，因此水质的好坏直接影响发热管表面水垢的形成速度及腐蚀程度。为了减少水垢的形成，可在电热水器冷水进口处加装水净化装置，从而过滤掉有害的杂质及矿物质。

② 合理设置水温可以减少水垢的生成。事实上，水垢的生成速度与水的温度和流动情况有关。一般地，水在高温和静止的情况下容易产生水垢，所以在使用时不要把水温调得太高。一般认为，水的温度达到 60℃就会生成水垢，并且随着温度的升高水垢的生成速度也会加快。在使用电热水器的时候，应将使用温度调到 50℃～60℃比较合适。

③ 使用完毕后及时排出热水可减少水垢的生成。具体办法：在电热水器使用完毕后可关掉电源，然后开启自来水阀，让冷水通过循环水管 10 秒左右，使热交换水管内的热水和水汽排出来，这样循环水管内就不会结水垢，又能使元部件及时冷却，延长使用寿命。

18. 为什么“死水”沐浴危害多?

有专家认为，沐浴的功能在于清洗人体表皮的污垢和毛孔堵塞粒子，因此选择自然的“活水”沐浴才更健康。而目前的储水式电热水器不具有“活水”沐浴的功能，因此不属于健康洗浴电热水器。

原来，从储水式电热水器流出的水为“死水”。所谓“死水”，

是指电热水器由于长期存水，而每次使用间隔时间又较长，这样就会导致里面存储的水出现二次污染。在“死水”中往往含有许多微生物和有害物质，在用“死水”进行沐浴时容易对身体构成危害。

一般来说，在用热水进行沐浴时，身上的毛孔是张开的。如果水中含有有害物质，那么长期使用就会对皮肤造成一定的损害。而且溶于水中的余氯形成的蒸汽，一旦被人体吸收也会使人的肌肤松弛老化，毛发脱落，并会使人产生头屑、青春痘、湿疹等皮肤病。

知识衔接

健康洗浴型电热水器

近年来，有些电热水器生产企业相继推出了具有杀菌功能的储水式电热水器。例如，某些热水器新品采用了银离子抑菌技术，不但能通过银离子的物理抑菌机理净化洗浴用水，抑制水中大肠杆菌、沙门氏菌等微生物的滋生，而且能有效消除水中的异味，并改善水的品质。

有的电热水器还特别增设了远红外激发装置，使得银离子的活性增强，并产生活性氧“羟基自由基”，不仅能加速真菌灭亡，还能消除水中的余氯。不过，健康洗浴型电热水器还有待国家标准的规范。

19. 为什么“活水”洗浴更舒畅?

在家庭用水中，洗浴用水占有举足轻重的份额。而洗浴用水又直接与人体接触，其品质好坏直接影响人们的健康和美丽。如果我们能够在洗脸、刷牙、洗脚、沐浴等清洁人体活动中使用健康洁净的“活水”，那么健康和美丽将会与你朝夕相伴。

那么，什么是“活水”呢？这里所说的“活水”是指流动的洁净之水，具有天然、新鲜、清洁和无污染等特征。从即热式电热水器中排出的热水就属于“活水”，经常用这样的水进行洗浴才会更加美丽和健康。原来，天然洁净的冷水通过即热式电热水器之后，能够在瞬间被加热体加热，热水处于不断的流动之中，电热水器内部管路不易形成水垢，并且不容易出现二次污染。

有报告称，通过即热式电热水器的“活水”，一直处在一个开放的环境之中，水中富含的矿物质和微量元素保存完好，并且还能溶解丰富的氧气。这样的“活水”更容易被人们的细胞所吸收，使得肌肤的每个毛孔都得到健康的滋润，从而使人体肌肤更富有弹性和光泽。

20. 什么是“厨房油烟综合征”？

随着我国城乡居民生活水平的提高，居民人均食用油消费量居高不下，再加上不少家庭烹饪加热油温偏高，致使家庭厨房油烟污染成为了一个不容忽视的“隐形杀手”。家庭主妇作为家庭烹饪的主角，自然成为了厨房油烟污染的最大受害者。近几年频发的“厨房油烟综合征”，就是家庭厨房油烟污染向人们不断敲响的警钟。那么，什么是“厨房油烟综合征”呢？

原来，由于厨房燃料和食用油等在燃烧和加热过程中会产生大量的有害物质，从而加重了室内的空气污染。当人们长期呼吸这些被污染的空气时，往往有可能引发 30 多种“厨房病”，如出现哮喘、气管炎、肺气肿等疾患，严重者还会导致肺纤维化的恶果。医学界将其称为“厨房油烟综合征”。

首先，厨房油烟对呼吸道具有损害作用。研究表明，厨房是

家庭中空气污染最为严重的场所，其污染源主要有两个方面：一是从煤气、液化气等炊火源中释放的一氧化碳、二氧化碳、氮氧化物等有害气体，二是烹饪菜肴时产生的油烟。医学家通过对近年妇女肺癌发病率高的原因进行了相关研究，初步认为与中国人特有的烹饪习惯有关。中国人喜欢用大火炒菜，因此吸入的油烟量比较多，这也是引起肺癌的一个重要原因。

其次，厨房油烟对皮肤也有损害作用。对于家庭主妇来说，她们可能还不太清楚油烟对皮肤的伤害作用。研究认为，厨房油烟对于女性皮肤的伤害作用更为严重，并且利用化妆和美容并不能从根本上解决皮肤所受到的侵害。当油烟颗粒被附着在女性皮肤上的时候，往往会造成皮肤上毛细孔的阻塞，并出现皱纹和色斑，从而加速女性皮肤组织的老化。

最后，厨房油烟还会导致心脑血管疾病。长期生活在油烟环境的人容易得心脑血管疾病，原来厨房油烟中的脂肪氧化物会引发心血管、脑血管疾病，尤其是老年人更容易患心脑血管疾病。

知识衔接

厨房油烟与女性肺癌

中国妇女肺癌发病率居于世界首位，其罪魁祸首为“二手烟”和厨房油烟。中国妇女虽然较少抽烟，但她们在日常烹调时一般喜欢将菜油加热到240℃～280℃的高温，对菜肴进行油煎、煸炒。实验显示，在这种温度下散发出的油烟中含有一系列可引起细胞变异并导致癌症的化学物质。浓重的厨房油烟，再加上通风设施不佳，是中国妇女肺癌发生率高的主要原因。

厨房油烟的成分极其复杂，其中可能含有苯并芘、挥发性亚硝胺、杂环胺类化合物等致癌物。所以，厨房油烟可使人体细胞组织发生突变，导致癌症的发生。有报告称，长期接触油烟的40～60岁女性，患肺癌、乳腺癌的危险增加2～3倍。

中国女性远离肺癌，应尽量使用精制油进行烹饪，以采用花生油尤为安全，油温应尽可能控制在180℃左右。同时应安装高效吸油烟机，并保持良好的厨房通风条件，全面改善家庭厨房空气质量。这将有助于大幅度降低妇女的肺癌发病率。

21. 减少油烟为什么要从改变烹饪习惯入手？

近年来，随着人们生活水平的提高和餐饮业的发展，烹调油烟已经成为了室内空气的主要污染物之一。改变烹饪习惯，减少烹调油烟，应注意以下几个问题。

① 改变“急火爆炒”的烹饪习惯。最好采用“热锅冷油”的烹饪方法，即先把锅烧热，然后倒入食用油，不要等油温过热才放入菜进行翻炒。

② 尽量不要选择爆炒、煎炸、过油的烹饪方式。因为不同的烹调方式需要不同的油温，如爆炒需要将近300℃的油温，在这个温度下会产生大量的油烟。煎炸和过油等烹饪方式也会增加油烟的产生。而采用蒸、煮、炒等烹饪手段，既可减少食用油的用量和油烟的产生量，还可减少对食物营养成分的破坏。

③ 采用烘烤、凉拌等烹调方式。不仅能减少油烟的产生，还能减少一日中油脂的摄入量。同时在口感上更加丰富，还有助于培养清淡口味的饮食习惯。

④ 尽量不用锅底太薄的炒锅炒菜。因为锅底太薄容易使油温上升过快，增加油烟的生成。采用厚底锅炒菜则会延长温度上升的时间，减少油烟的生成。尤其是爆炒食物时，使用厚底铁锅更为适合。

⑤ 应当经常清理炒菜锅底部以减少油烟的生成量。一般人

们炒完菜后把内锅刷干净，就可以继续使用了。然而，长时间不清理炒菜锅底部，往往在炒菜锅底部会形成一层厚厚的油脂锅灰。这些油脂锅灰被反复高温加热，就会释放出大量的有害物质，从而对人体健康造成危害。而且，随着这层油脂锅灰的加厚，还会延长炒菜时间，不仅浪费了能源，还加重了油烟的危害。

22. 如何防止集油盒粘附油垢？

① 新吸油烟机在启用前，可先在集油盒里撒上一层薄薄的肥皂粉，再注入大约 1/3 的水，这样回收下来的废油就会漂浮在水面上，而不是牢固地凝结在盒壁上。等废油即将盛满的时候，把集油盒里的废油倒掉即可。

② 在吸油烟机集油盒的内壁贴上一层保鲜膜或塑料袋，要保证保鲜膜或塑料袋能够完全兜住回收下来的废油。在清理集油盒的时候只需要把保鲜膜或塑料袋提出来就行了，而集油盒基本上是清洁的。

23. 为什么要保持厨房的良好通风？

能否保持厨房的良好通风，对吸油烟机的油烟吸净率具有重要的影响。用户在使用吸油烟机时，必须保持厨房内的通风良好，这样不仅可以提高吸油烟机对油烟的吸排能力，而且可以使天然气等燃料进行充分的燃烧，从而防止因燃料的不充分燃烧对人体可能造成的伤害。

所以，在使用吸油烟机时，应当调整好门窗的开关度，以保证厨房内的良好通风。同时，还要注意避免在厨房内出现对流风，而降低吸油烟机对油烟的吸排能力。

24. 清洁吸油烟机应注意哪些问题？

吸油烟机在长时间使用的过程中，往往会在其表面和内腔粘附大量油污，从而影响其正常的排烟效果。因此，定期对吸油烟机进行清洁，不仅可以营造洁净舒适的生活环境，而且可以提高吸油烟机的排烟效果。那么，在清洁吸油烟机时应注意哪些问题呢？

① 在清洁吸油烟机之前，首先应将吸油烟机的电源切断，以确保操作者的人身安全。在清洗时注意不能让电机和电气部分进水，不能用力拉扯内部连接线，否则会使连接点松脱，有可能发生触电危险。

② 在清洗吸油烟机时应戴上橡胶手套，以防金属件的锐边伤人。在清洁吸油烟机的外壳表面和网罩时，可用软布蘸取少量放有中性洗涤剂的温水进行擦洗，然后用干软布擦干。

③ 禁止用酒精、香蕉水、汽油等易燃溶剂清洗吸油烟机，以防火灾事故发生。

④ 对于吸油烟机内部的电气连接和气流密封部位，用户不宜自行拆洗。对于其他部位，在拆卸时一定要轻拿轻放，以免零件发生变形。特别是在清洗叶轮时，注意不可触碰或挪动叶片的配重块，否则就有可能影响整机的动平衡，从而增大噪声。

25. 为什么电磁炉青睐铁系锅具？

电磁炉作为一种节能环保的新型家用电器，对使用的锅具十分挑剔。电磁炉不是对所有的锅具都适用，只有铁系锅具才能在电磁炉上使用，而像铝、铜等非铁磁性材料的容器在电磁炉上是派不上用场的。

原来，电磁炉对铁系锅具的钟情是与其工作原理密切相关

的。电磁炉采用的是磁场感应涡流加热的原理，当电流通过线圈时就会产生磁场，当磁场中的磁力线通过铁质锅的底部时，就会产生无数个小涡流，使锅体本身自行高速发热，自然就可以加热锅内的食物了。

之所以铁锅能够在电磁炉上加热食物，是因为铁锅是一种常见的铁磁性材料。由于铝锅、铜锅或砂锅等不具有导磁性，因此是不适用于电磁炉的。事实上，在复合材料中加入铁之后，由于具有了铁磁性，因此也是可以用于电磁炉的。适合在电磁炉上烹饪使用的锅具有不锈钢锅、不锈钢壶及平底锅等。

26. 为什么电磁炉锅具宜选平底锅?

由于电磁炉在烹饪食物时是依靠锅具的底部自行发热作用于食物的，因此锅底部分与电磁炉的接触面积将直接影响到烹饪的效果。

那么，如何才能增大锅底部分与电磁炉的接触面积呢？选择平底锅可能是一个最佳的选择。一般的电磁炉要求锅底的直径最好在 12～26cm，蒸煮类锅以平底锅为最佳。对于底部直径小于12cm 或底部凹凸大于 2mm 的锅及部分双层复合底锅，则是不适于在电磁炉上使用的。

同时，从电磁炉的承重角度看，也要求使用平底锅。由于电磁炉的承载重量十分有限，因此在电磁炉上使用的锅具不可过重，一般锅具和食物的重量不应超过 5kg。并且锅具的底部也不宜过小，以防电磁炉炉面所受压力过于集中。

27. 为什么炒菜宜选用凹底电磁炉和圆底锅炒菜？

有人认为电磁炉只能烧水做饭，其实电磁炉也可以胜任大部分的烹饪工作。电磁炉针对人们大火快炒的习惯，从启动开始到升温至沸腾，只需极短的时间。利用电磁炉炒菜能减少营养成分的流失，色泽自然，口味清香，口感俱佳。不过利用电磁炉进行炒菜等操作，需要对电磁炉有一些特殊的要求。

炒菜宜选用凹底电磁炉和圆底锅。我们习惯使用的电磁炉大多为平板电磁炉，与之相匹配的锅具为平底锅。利用这样的平底锅炒菜，翻炒起来很不方便，因此难以达到理想的烹饪效果。选购凹底电磁炉或平凹两用电磁炉，具有爆炒、炒菜、定时、定温、火锅、煎炸、烧水、蒸煮、煮粥、炖奶、煲汤等功能。使用与之相匹配的圆底锅进行炒菜，不仅符合我们的烹饪习惯，而且可以达到理想的烹饪效果。如果配有带保温隔热层的电磁炉专用绝热锅，那么还可以达到理想的“爆炒”效果。

除了炉具和锅具的搭配之外，炉具的功率和锅具的选择也要合理。例如，炉具最好选择功率 2000W 的凹底电磁炉，若为平凹两用电磁炉则以功率 2000～2400W 比较实用。至于锅具的选择，宜选择磁导率高、电阻率小且锅底较厚的锅具与电磁炉相匹配，如果有带保温涂层的锅底和不粘锅面则最为理想。对于平凹两用电磁炉，还要注意锅的深度也要适宜。

28. 如何调节电磁炉的烹饪火力？

不同的烹饪手法，烹饪不同的食物，以及在烹饪的不同阶段，

分别需要不同的火力。一般来说，电磁炉的烹饪火力可以通过温度挡位来调节。

绝大多数的电磁炉还没有实现火力的无级调节，但通过一系列的恒温挡位仍可以十分方便地进行火力调节。原来，一般的电磁炉都采用先进的科学方法，配备有从0～240℃的一系列恒温装置。在烹调实践中，用户可以根据不同的烹饪要求，任意选择烹调所需的温度（恒温制）或将温度设定到某一挡位。

电磁炉只需轻轻触碰即可轻松操作。无论启动或调整温度，只要依照加热、保温、定时等指示进行操作，就可以通过按键任意调节大、中、小火力了。

29. 如何用电饭锅煮出松软可口的米饭？

① 淘米。为了洗掉米粒上残留的糠及粘附的污物，需要进行适度的淘洗。首先在盛米的容器内倒入清水，然后从底部开始搅动几次，等水混浊了就倒掉，这样反复操作两三次就可以了。注意绝对不可以使用热水进行淘米，以防大米的淀粉发生溶解。

② 煮饭。大米经过淘洗之后，应尽快地滤除其中的水分。将滤干的大米放到电饭锅的内胆中，按比例加入适量的清水。为了能够煮出美味可口的米饭，让大米的米粒完全浸透在水中是非常重要的。然后，将内胆放入电饭锅进行煮饭。

③ 保温。完成煮饭后电饭锅会自动进入“保温”状态。要注意米饭不宜在电饭锅里保温太长时间，否则会使米饭变得干燥，美味度也会随之下降，同时还会增加电能消耗。想要吃到美味可口的米饭，最好不要让米粒在电饭锅保温得太久。在食用米饭时，应用饭勺在米饭周围滑动一圈，并把米饭往正中快速搅动，这样可使米饭的上下层发生交换，从而变得松软可口。

④ 保存。如果煮好的米饭在半天内吃不完，那么就应当放到冰箱内进行冷冻保存。不过，在冷冻保存之前应当把米饭搅松，去掉米饭中多余的水分，使米饭变得松软而有光泽。在食用米饭时不宜采用自然解冻的方式，而应放在微波炉等电器中加热解冻。

30. 为什么用电压力锅煮成的米饭更香软？

用电压力锅煮出来的米饭之所以香软可口，是因为电压力锅利用电脑控温控压技术，根据温度和压力曲线自动调节加热时间与压力，从而可以更好地保持食物的美味与营养。原来，电压力锅既能使米粒在升温过程中充分吸水和熟化，又能保证其在无沸腾状态下营养成分的保留。此外电压力锅还可用于煲粥、焖烧、炖肉、烤蛋糕等多种用途。

31. 如何防止电饭锅米汤外溢？

在用电饭锅煮饭的时候，当煮米量较多时往往会发生米汤外溢现象，那么应当如何防止出现这种现象呢？为了避免发生米汤外溢，最大限度地节约电能，可在米饭沸腾后用手指轻抬按键，使其跳起以切断电源。等到米汤中的水分基本被米粒吸干后，再按下按键进行煮饭。

当米饭煮熟按键自动跳开后，千万不要急于掀开锅盖。这时，要充分利用锅体的余热再焖上十几分钟，然后开盖食用。这样既节约了电能，又使米饭松软可口。

32. 如何用豆浆机制出美味可口的豆浆？

豆浆的营养成分十分丰富，是人们非常喜欢的早餐饮品。豆浆机的诞生为人们自制豆浆创造了十分便利的条件，但在使用豆浆机时应注意以下事项。

① 加水浸泡。首先用随机带的量杯量取食材，如果制作五谷豆浆或湿豆豆浆，还需要加水浸泡。在北方地区，春秋季浸泡时间为 8～16 小时，夏季为 6～10 小时，冬季为 10～16 小时；在南方地区，春秋季浸泡时间为 5～6 小时，冬季为 8～9 小时。

② 洗净装杯。将量取好的食材或浸泡好的豆子清洗干净后放入杯体内，在杯体内加入清水至上、下水位线之间。

③ 制作豆浆。将机头正确放入杯体中，即把杯体上的定位柱对齐机头上的标识后插入机头微动开关孔内。插上电源线之后，功能指示灯处于全亮状态，此时按下所需的功能键，对应的指示灯发亮，从而启动相应的制浆程序。

④ 完成制浆。按设定的程序进行多次打浆及充分熬煮后，并发出声光报警，提示豆浆已经制好。

⑤ 过滤豆浆。拔下电源插头，利用随机附送的过滤网对豆浆进行过滤，从而得到口感细腻的豆浆。

第三章　数码电器的健康使用

1. 长期操作电脑者如何保护自己的颈椎和腰椎?

在电脑族中，发生颈椎病和腰椎间盘突出疾患的比例很高，这应当引起电脑使用者的注意。

① 在使用电脑时，应注意让电脑屏幕中心与操作者胸部在同一水平线上，并最好使用可以调节高低的椅子。在坐着操作时，应留有足够的空间伸放双脚，注意不要交叉双脚，以免影响血液循环。

② 在使用电脑时，应注意在间隙适当地休息一下。一般来说，电脑操作人员在连续工作 1 小时后就应该休息 10 分钟左右。并且最好到室外进行必要的活动，从而让手脚与躯干得以放松。

③ 平时注意体育锻炼，从而增强体能和腰背肌力量，对于降低颈椎病和腰椎间盘突出发病率也具有重要的意义。

知识衔接

握鼠标的正确方法

握鼠标的正确方法: 图 3-1 为握鼠标的正确方法示意图。右手食指和中指自然地放在左键和右键上，拇指横向放在鼠标左侧。大拇指与无名指及小拇指轻轻握住鼠标，手腕自然地垂放在桌面上。

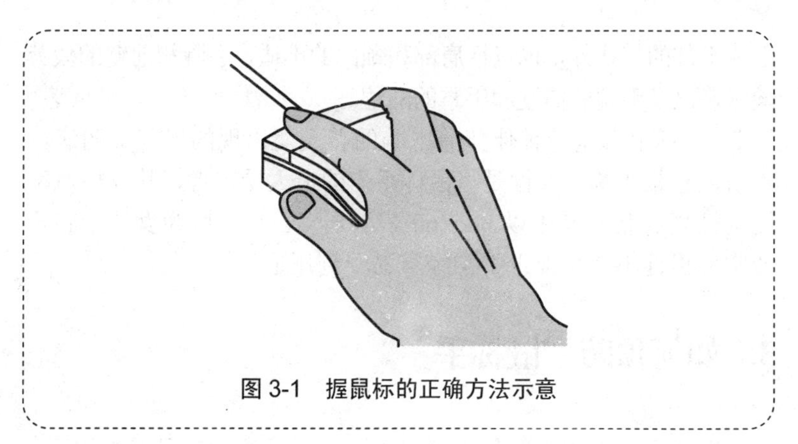

图 3-1　握鼠标的正确方法示意

2. 什么是“鼠标手”？

长期与电脑键盘打交道的人，有可能患上一种叫作“腕关节综合征”的疾病。“腕关节综合征”又叫“鼠标手”，是指人体的正中神经及进入手部的血管，在腕管处受到压迫后所产生的一系列症状，主要表现为食指和中指僵硬、疼痛、麻木及拇指肌肉无力感。

随着家用电脑的普及，人们每天都在重复地移动鼠标，并在键盘上不停地打字。人们在操作鼠标时，长期保持着手腕背伸到一定角度的动作。一般来说，手腕在正常情况下活动不会妨碍正中神经。但在操作电脑时，由于键盘和鼠标有一定的高度，手腕必须背屈一定的角度，这时腕部就处于强迫体位，不能自然伸展。

随着掌侧与桌面接触面积的增大，手腕管处受到的压力也在增大。由于长期反复地进行挤压和摩擦，使得腕关节的神经和血管受到损伤，从而产生了一系列的症状，如腕部肌肉、关节疼痛或痉挛。

从广义上说，凡由于使用鼠标而导致的上肢（手臂、手腕、手掌、手指）不适，都应该称为“鼠标手”。因此，“鼠标手”除了上述手部的症状外，也包括肩部和颈部的不适，手腕和前臂的疲劳酸胀，以及手腕的僵硬和手掌的酸涩。

“鼠标手”是一种伴随着电脑的普及而出现的现代文明病。一份调查报告称，女性是“鼠标手”的最大受害者，其发病概率比男性高 3 倍，其中以 30～60 岁者居多。这是因为女性手腕管通常比男性小，腕部正中神经容易受到压迫。

3. 如何预防“鼠标手”？

对于经常使用电脑的人群来说，如果不注意自我保护的话，则有可能越来越快地变成“鼠标手”。而目前对于“鼠标手”还没有特别有效的治疗方法，因此在平时就做好“鼠标手”的预防具有十分重要的意义。

① 尽量把鼠标调整在一个稍低的位置。医学专家发现，在玩电脑时鼠标的位置越高，其对手腕的损伤就越大。并且鼠标距离身体越远，对肩部的损伤越大。因此，电脑桌上的键盘和鼠标的高度，以低于坐着时的肘部高度为宜。在操作电脑时应保持正确的姿势，也可以在手腕处放置软垫，或者以升高坐椅的方法来降低对手腕的损伤。打字时要正对着键盘，避免把键盘斜摆在一边，否则容易引起手腕过度紧绷。应靠近键盘或鼠标使用，以防腕管处受到过度牵拉。

② 最好选用弧度较大、接触面较宽的鼠标。在使用快捷键等小技巧时，应注意左右手替换使用鼠标。使用鼠标时要防止手指使用过度，如手臂不要悬空，以减轻手腕的压力。在移动鼠标时要尽量依靠臂力进行操作，从而减少手腕的过度受力。在敲打键盘和鼠标的按键时，注意不要用力过大，以轻松适中为好。

③ 在连续使用键盘和鼠标 1 小时以后，就应当进行适当的休息，并做一些握拳、捏指等放松手指的动作。方法是把手掌伸

展开来，每次用一根手指触碰掌心，同时保持其他手指尽可能的伸直状态。也可以用手将质地偏硬的废纸搓成团，将其展开后再搓成团，如此不断地重复这个动作，从而让手掌和手腕都得到充分的活动。当然，利用其他方法不断地揉捏手指关节和腕关节，对预防“鼠标手”也是有一定效果的。

知识衔接

揉捏关节法预防“鼠标手”

预防“鼠标手”应从日常生活做起，经常做一些简单易行的手部活动是大有益处的。常见的手部活动方法很多，其中揉捏关节法就是一个重要的方法。

在连续使用鼠标1小时之后，不妨做一做揉捏关节的放松活动。其要领是用大拇指指腹按住掌腕感到不适的部位，同时用其余的4个手指托住手背和手腕；然后用大拇指揉捏腕关节，并上下摆动手腕。这对于缓解手腕疲劳是有一定好处的。

4. 为什么不宜过度使用平板电脑?

平板电脑作为一种小型便携的个人电脑，集移动商务、移动通信和移动娱乐为一体，具有手写识别和无线网络通信功能，因此被称为上网本的终结者。然而，英国物理治疗学会的专家提醒大家不要过度使用这种电子产品，否则有可能导致上身某些部位疼痛不适。

该学会的专家说，近年来出现上身疼痛的人数日益增多，这可能与过度使用平板电脑或其他类似电子产品有关。有许多病人存在颈部、肩膀和手腕部的疼痛症状，还有些人伴有头疼症状。据称，当人们在使用平板电脑时，颈部通常是弯曲向下的，此时肩部和手腕也会因托举电脑而处于用力状态。如果长时间保持这样的姿势，势必会导致关节僵硬和神经疲劳，从而出现上身疼痛等症状。

随着平板电脑的普及，在功能追求上也越来越高。在外观上，平板电脑就像一个单独的液晶显示屏，只是比一般的显示屏要厚一些，简直就是一个功能完整、小巧时尚、灵活便携的 PC。为了防止过度使用平板电脑出现的不适，专家建议在使用平板电脑等类似电子产品时，要尽量找一个可靠的支撑物，从而减少用手托举平板电脑的时间。并且要采用比较放松的姿势，让平板电脑与眼睛保持在同一个水平线上，在使用过程中还要注意适当休息。

5. 为什么操作完电脑后一定要洗手?

越来越多的报告称，电脑键盘是传播疾病的重要媒介。有关部门曾对某网吧 200 台电脑的键盘进行过抽样检查，发现其中存留乙肝病毒的竟然占到了 35.91%。其实，无论是家庭，还是办公室，电脑键盘污染的状况都是不容乐观的。

有报告称，电脑键盘和鼠标非常容易传播红眼病等疾病。我们俗称的“红眼病”其实就是“传染性结膜炎”，根据不同的致病原因可分为细菌性结膜炎和病毒性结膜炎。虽然红眼病很少导致严重的后果，但如果不及时治疗也可能转变为慢性结膜炎，甚至侵犯到眼角膜，从而对视力造成严重的影响。据悉，红眼病主要是通过“眼—手—眼”的模式进行传播的。患有“红眼病”的人在操作电脑时，很有可能通过键盘和鼠标传染给其他人。

在多人共用电脑的场合，污染键盘和鼠标的微生物种类很多，如链球菌、绿脓杆菌、伤寒杆菌、肝炎病毒、结核杆菌、流感病毒、沙眼衣原体等。因此，使用电脑者一定要增强自我防病意识，操作完电脑以后注意及时洗手，从而做到防患于未然。

一般不要使用别人的电脑，特别是不要使用患有传染性疾病者的电脑。在使用别人用过的电脑之后，应当用肥皂洗净双手。在没有洗手之前，最好不要用手揉眼睛、掏鼻孔，更不要吃食品和水果。还应注意，每月应定期对键盘、鼠标和显示器进行清洗消毒。

6. 如何清洁电脑的键盘？

对于电脑族来说，上网时用得最多的当属电脑键盘和鼠标了。要知道，最容易受到污染的也是键盘，并且还有可能传染某些疾病。那么，电脑键盘该如何清洁呢？

① 首先关闭电脑的电源，然后将键盘从主机上取下。最好在桌面上铺一张旧报纸，然后在旧报纸上将键盘倒置，轻轻拍击键盘，这时键盘缝隙中的灰尘、饼干渣、咖啡末、橡皮屑、头发丝等杂物就会洒落下来。注意拍击键盘时不能用力过猛，否则就会损坏键盘内部的器件。

② 用吹风机对准键盘吹一遍，则可以吹掉部分附着在其中的杂物。单靠翻转拍击并不能完全除去其中的杂质，这时候我们再用吹风机对准键盘按键上的缝隙吹一遍，则可以更彻底地吹掉其中的杂物。

③ 把键盘缝隙中的杂质清除之后，还需要对键盘外部进行清洁。清洁键盘的外部，可以选用中性清洁剂或计算机专用清洁剂。用洁净的软布或棉签蘸取稀释的清洁剂，擦洗按键的表面，以清除键盘上难以清除的污渍，注意软布不能太湿。

④ 键盘是最容易隐藏病菌的地方，所以要定期进行消毒。把键盘擦洗干净后，不妨再蘸上消毒液等进行消毒处理，最后用干布将键盘表面擦干即可。一定注意软布不能太湿，以防止水珠

进入键盘内部；不要用酒精擦洗按键正面的字母，以防酒精把按键正面的字母溶解掉。

知识衔接

彻底清洁键盘要小心谨慎

若是对键盘进行简单的清洁，则不需要拆卸键盘。如果要对键盘进行彻底清洁，那么就需将每个按键的键帽拆下来。

① 可以按照键盘区的顺序逐个进行拆解，如可从边角部分向中间部分拆解。为了避免遗忘这些按键帽的位置，最好先用相机将键盘布局拍下来，或画张草图标出每个键帽的位置。像空格键和回车键等较大的按键帽尽量不要拆下，因为它们恢复原位比较困难。

② 可以把拆下的按键帽浸泡在洗涤剂或消毒溶液中，并用绒布或消毒纸巾仔细擦洗键盘底座。可以先用刷子将键盘面板上那些细小的杂物清除，再用棉花棒蘸专用清洁剂擦洗干净。

③ 将软电路的背面清理干净，安装上键盘后背，拧上固定螺钉。试按一下键盘的手感是否正常，摇动一下有没有零件松动的声音。在安装的时候要按照每个键帽的原来位置，对准后才能安装，避免出现安装错位的现象。

④ 将安装好的键盘插上电脑主机，试一试各个按键功能是否正常。如果出现问题，应拆卸下来重新进行安装。

7. 如何选择手机的网络模式？

选购手机先决定要用哪一种网络系统，目前有第二代移动通信（2G）、第三代移动通信（3G）和第四代移动通信（4G）。

第二代移动通信主要有 GSM 和 CDMA 两种制式。GSM 的中文含义为全球移动通信系统，俗称“全球通”，是一种起源于欧洲的移动通信技术标准，可以让用户使用一部手机就能行遍全球。目前，中国移动和中国联通都有此网络。CDMA 是基于 CDMA 发展起来的移动通信系统，利用展频通信技术可以减少手机之间的干扰，并且可以增加用户的容量，带宽扩展较大，还可以传输影像。目前，在中国只有中国联通有 CDMA 网络。

第三代移动通信主要有 3 种制式，分别为 WCDMA（联通）、TD-SCDMA（移动）、CDMA 2000（电信）。就全世界范围来说，WCDMA 是主流的 3G 标准。

第四代移动通信技术已在世界范围内蓬勃发展。

8. 如何减少手机辐射带来的危害?

手机走进现代人的生活，已经成为了当今时代的一大景观。然而，手机在通话时是通过高频电磁波将电信号发射出去的，因此在发射天线周围存在着微波辐射。这种辐射的分布，按照从高到低的顺序依次为天线部分、听筒部分、键盘部分和话筒部分。近年来，关于手机辐射危害的争论持续不断，但一直没有形成定论。对于使用者来说，做好手机辐射的防范是至关重要的。

① 尽量少用手机。在有固定电话的场合，应尽量用固定电话打电话。如果使用手机进行通话，那么应尽量减少通话时间。如果确实需要进行较长时间的通话，那么最好注意左右耳的经常交替。

② 在手机拨号未接通前尽量避免贴近耳朵。据悉，在手机接通的一刹那间，手机产生的辐射最强。所以，在拨打或者接听手机之初，最好能伸展手臂，让手机远离自己的身体，稍等片刻后再进行通话。

③ 在手机信号极弱时莫打电话。在弱信号环境下拨打手机，辐射明显增大，人体对天线辐射的吸收也可能增加。所以，在手机信号不好的时候，也要尽量避免打电话。

④ 最好不要在封闭空间内打电话。例如，在电梯、火车、地铁或墙角处等相对封闭的空间里打电话，此时手机往往会不断地尝试连接中断的信号，这样会使辐射强度增加到最大值。

⑤ 充分发挥短信交流的优势。有人认为，发短信比打电话辐射小，因此短信交流可减少头部和身体所接触的手机辐射。

⑥ 接打电话时不要频繁走动。因为频繁移动位置会造成接收信号的强弱起伏，这样就会引发不必要的短时间高功率发射。

⑦ 利用耳机通话更健康。手机辐射是由天线发出来的，必须使用手机时可用免提耳机接听电话，这样可以避免 90%以上的电磁辐射。

⑧ 晚上睡觉时应关手机。在晚上睡觉的时候，手机待机也具有一定的辐射量，应尽量不要放于床头。最好的办法就是把手机关掉，这样既可以保证睡眠质量，又可以免受辐射的危害。

9. 什么是手机成瘾症?

随着智能手机的诞生，手机的功能已不再局限于打电话了，像上网、玩游戏和听音乐等已经成为手机的必备功能了。于是，诸如“短信脖”“短信拇指病”等手机成瘾的病例不断增加。

据英国某协会的一项线上调查结果显示，一些上班族人士在工作之余，沉迷智能手机等电子设备长达两个多小时。长此下去，成为导致“短信脖”“短信拇指病”等手机成瘾病例不断增多的重要原因。

智能手机屏幕很小，按键更小，长时间使用会导致身体过度紧张，从而引发某些病痛。手机成瘾的后果之一就是重复性劳损，

也就是操作手机时的重复动作对肌肉、肌腱与神经造成的损伤。“短信脖”就是重复性劳损的最新表现形式之一。

沉迷智能手机除对手指和胳膊造成损害外，还对颈椎十分有害。并且，沉溺于智能手机和网络还会引发睡眠紊乱，进而让人出现抑郁症状。专家建议，智能手机爱好者若要远离病痛，每天使用手机的时间要控制在40分钟以内。

而来自另一项调查结果显示，英国的儿童在课余时间也喜欢摆弄智能手机。他们要么摆弄手机，要么通过手机上网，智能手机已经主宰了儿童的日常生活。这样的现实则更让人们揪心，因为儿童长时间沉迷智能手机等设备具有更大的危害性，很有可能会有损儿童的阅读和社交能力。英国的一项针对5～13岁儿童的调查显示，会玩电脑游戏和手机上网的儿童所占比例不低，但他们的基本生活技能比较差，65%的人不会泡茶，81%的人不会看地图，45%的人不会系鞋带。

10. 为什么孕妇及儿童最好少用手机?

现在，不少中小学生都配备了手机，这确实为生活和学习提供了不少方便。但据英国全国辐射防护委员会公布的一份报告称，儿童的神经系统正处于发育阶段，头部比成人更易吸收辐射，因此可能更易受辐射所害。现在，我们还不能断定手机对健康没有影响，所以建议儿童还是少使用手机为好。

有人认为，孕妇在怀孕早期最好也要少用手机。妇女在妊娠早期，正是胚胎组织分化、发育的重要时期，也是最容易受内外环境影响的时期。因此，为了避免胎儿可能出现的畸形，孕妇在妊娠早期还是应少用或远离手机。怀孕初期的妇女，更不应将手机挂在胸前，以减少辐射可能对胎儿的不利影响。

第四章　电视机及照明设备的健康使用

1. 如何对待家用电器的辐射?

随着医学科学的发展，有关非电离辐射对神经系统影响的研究已经成为环境与职业医学和生物电磁学研究的热点，但目前尚未得出一致的结论。由于非电离辐射在我们的日常环境中无处不在，人们还是担心其是否对人类健康具有潜在的危害。

电磁辐射对人体的不利影响有两个方面，一是由于电磁波的热效应，当人体吸收电磁波能量达到一定强度时会发热（如微波炉等）而出现高温生理反应，如出现神经衰弱、白细胞减少等病变；二是由于电磁波的非热效应，当超过一定强度的电磁波长时间作用于人体时，虽然人体的温度并没有明显升高，但有可能出现心率、血压的改变及失眠、健忘等生理反应。

电磁辐射对人体的影响程度与辐射频率、强度、时间及空间环境等因素有关。半个多世纪以来，国际上许多权威机构和组织一直在研究有关电磁辐射对于生物和人体健康的影响，并证实了有害“非电离辐射”的生物效应为热效应（高频）和电刺激（低频），只有过量的电磁照射才对人体产生一定的伤害作用。最近十多年来，包括世界卫生组织在内的二十多个健康机构和研究小组一致认为：没有确切的证据表明低于国际安全标准限值的电磁辐射会影响健康。

我国环保和卫生机构参考国际相关准则，先后制定了《电磁辐射防护规定》（GB 8702—1988）和《环境电磁波卫生标准》（GB

9175—1988），两项标准不仅考虑了热效应的影响，还考虑了未经证实的非热效应下的健康风险。我国在《电磁辐射防护规定》中，明确规定了在职业环境中电磁辐射的功率密度不能超过20μW/cm^2；在生活环境中电磁辐射的功率密度不能超过40μW/cm^2。

尽管在正常情况下各种家用电器所产生的电磁辐射强度是非常小的，但是在特殊使用场合仍然不能排除电磁辐射超标的可能性存在。人体健康无小事，对电磁辐射既不要过度恐慌，也不要毫不在乎。

随着现代科技的快速发展，电磁辐射已成为一个越来越突出的健康问题。科学使用家用电器，规避电磁辐射风险，无疑是一个十分明智的选择。特别是老人、儿童、孕妇及装有心脏起搏器的病人，尤其要注意电磁辐射可能带来的健康风险。此外，对电磁辐射敏感的人群，以及长期在超剂量电磁辐射环境中工作的人群更应当采取防患措施。表 4-1 为常见家电的电磁辐射量参考值表。

表 4-1　常见家电的电磁辐射量参考值

电器	电磁辐射量参考值/mG	电器	电磁辐射量参考值/mG
咖啡炉	1	电饭锅	40
传真机	2	吹风机	70
电烫斗	3	手机	100
DVD 影碟机	10	电脑	100
音响	20	电动剃须刀	100
电冰箱	20	电热毯	100
空调器	20	吸尘器	200
电视机	20	无绳电话	200
洗衣机	30	微波炉	200

知识衔接

电磁辐射的强度

电磁辐射其实就是一种能量，它对环境的影响程度主要取决于其能量的强弱。表示电磁辐射强度大小的单位主要有以下几个。

功率：辐射功率越大，辐射出来的电场和磁场强度越高，反之则小，单位是瓦（W）。

功率密度：单位时间、单位面积内所接收或发射的高频电磁能量，单位是瓦每平方米（W/m^2），在高频电磁辐射环境下常用 mW/cm^2 表示。

电场强度：用来表示空间各处电场的强弱和方向的物理量，单位是伏每米（V/m）。

磁场强度：用来表示空间各处磁场的强弱与方向的物理量，单位是安每米（A/m）。

磁感应强度：用于描述磁场能量强度的物理量，单位是特斯拉或高斯（T 或 Gs）。

比吸收率（SAR）：表示生物体每单位质量所吸收的电磁辐射功率，单位是瓦每千克（W/kg）。

家用电器的电磁辐射参考值采用的是磁感应强度单位，主要有微特斯拉（μT）和毫高斯（mG）。特斯拉和高斯之间的换算关系：1 特斯拉（T）＝10000 高斯（Gs），1 微特斯拉（μT）＝10 毫高斯（mG）。

2. 为什么选择电视机应坚持“宁小勿大”的原则?

随着平板电视机的普及，购机价格也一再降低，有些消费者总想换台屏幕大一点的平板电视机。其实，对于家庭用户来说，电视机屏幕并不是越大越好。那么，平板电视机屏幕多大比较合适呢？这应当根据自己的居室面积、人口多少及观看距离等条件确定，并通过合理的观看距离来保证观看的舒适和健康。

从欣赏画面和视力健康的角度讲，电视机屏幕越大所需要的观看距离就越大。由于我们的眼睛在不转动的情况下观察到的视角是非常有限的，所以需要有一个合理的距离才能保证在不转动头部的情况下，看清楚电视画面的每一个角落。如果在小客厅中放置一款大尺寸的平板电视机，那么用户所坐的位置就会离电视机非常近，电视机屏幕的强光线会刺激双眼，导致用户用眼疲倦。并且，我们近距离观看大尺寸平板电视机，只能看到屏幕的中央，而无法轻松地看全画面。

国际无线电咨询委员会指出，当观看距离为屏幕高度的 3 倍时，高清晰度电视系统显示效果应该等于或接近于一名正常视力者在观看原视景物或演示时的临场感觉。对于液晶电视机来说，一般建议合理的观看距离为电视屏幕高度的 3 倍左右。对于等离子电视机来说，由于其辐射水平较低，因此观看所需距离可以小于液晶电视。同时，合理的观看距离还与电视机的屏幕分辨率有关。例如，电视机分辨率越高，其屏幕像素间的距离就越小，屏幕对画面的细节就拥有更好的表现，因此不需要太远的观看距离就能看清楚画面。近距离观看分辨率低、点距偏大的屏幕，则会使画面明显网格化，并伴有闪烁现象，因此会严重影响画面的观赏效果。

看来，对于家庭的小型客厅来说，平板电视机并不是越大越好。如果在小空间放置一个大电视机，往往容易损害人们的视力，并造成头晕、恶心等症状。因此，我们应当根据家庭的实际情况选择大小合适的平板电视机，以最大限度地发挥其高清晰度的显示效果，并给人以身临其境的感受。下表为依据屏幕画面高度测算的数据，仅供参考。实际观看距离可依据个人的情况而定，注意选择电视应坚持“宁小勿大”的原则。

知识衔接

电视机的最佳视距

4∶3 电视机的最佳视距

标称屏幅/英寸	实际屏幅/英寸	屏幕高度/cm	最佳视距/cm
14	12	12×1.524＝18.288	55～92
21	19	19×1.524＝28.956	87～145
25	23	23×1.524＝35.052	105～175
29	27	27×1.524＝41.148	123～205
34	32	32×1.524＝48.768	146～244
38	36	36×1.524＝54.864	165～274
43	42	42×1.524＝64.008	192～320
50	49	49×1.524＝74.676	224～373
60	59	59×1.524＝89.916	270～450

16∶9 电视机的最佳视距

标称屏幅/英寸	实际屏幅/英寸	屏幕高度/cm	最佳视距/cm
28	26	26×1.245＝32.37	97～162
32	30	30×1.245＝37.35	112～187
36	34	34×1.245＝44.82	134～224

续表

标称屏幅/英寸	实际屏幅/英寸	屏幕高度/cm	最佳视距/cm
42	41	41×1.245＝51.045	153～255
46	45	45×1.245＝56.025	168～280
50	49	49×1.245＝61.005	183～305
60	59	59×1.245＝73.455	220～367

3. 如何选择CRT电视机的最佳视距？

由于 CRT 电视机很难在薄型化和轻型化方面有新的突破，因此显得非常笨重和庞大。并且，CRT 电视机实用化的最大屏幕尺寸通常也只能做到 38 英寸，所以 CRT 电视机有逐渐被平板电视机取代的趋势。但 CRT 电视机经过数十年的发展完善，在技术上已经非常成熟，在亮度、对比度等画质方面具有比较出色的表现，并且具有优秀的性价比。因此，在广大的农村地区 CRT 电视机还具有一定的市场。那么，应当如何选择 CRT 电视机的最佳视距呢？

早期的 CRT 电视机都为球面显像管，显像管的断面就是一个球面，显示屏内部和外部都呈球面，从外表上看显示屏的 4 个角都是带有圆弧的。这类曲面电视机采用的是隔行扫描模式，使得图像失真比较大，并且容易引起外部光线的反射，图像显示闪烁感也很强，最佳观看距离应取屏面高度的 5～6 倍。

直角平面 CRT 电视机采用的是直角平面显像管，它是在球面管基础上改进的管型。但它的显示屏内外仍然有一定的弧度，不过曲率要比球面管小得多，因此边缘失真（尤其是 4 个角部分）得到了很大改善。并且，随着屏幕涂层技术的发展和完善，极大地降低了光的反射和眩光，使得显像管拥有了更好的图像表现力，还能防止有害的电磁辐射和静电。但这类电视机仍然沿用了隔行扫描模式，图像显示效果比球面管电视机提高不大，最佳视距参数与球面管电视机差不多。

纯平面 CRT 显像管的显示屏，在外表面上是完全平面的，理论上的视角可以达到 180°，配合复合涂层可以最大限度地减少光的反射。纯平面显像管电视机可以将图像的失真降到最低，画面基本上无闪烁，但采用的仍然是逐行扫描模式，其最佳观看距离应取屏面高度的 5 倍。

4. 看电视应如何保护自己的视力?

电视机走进每个家庭，让人们通过电视机屏幕可以了解天下。然而，人们往往在漫不经心地看电视中发觉自己的视力有所下降。我们应当认识到看电视对视力健康的影响，从而让自己的视力远离电视伤害。电视机对人们视力的伤害，主要是强光和反射光。为了防止电视机画面对人们视力的伤害，我们应当注意以下几个问题。

① 应注意将电视机放在室内荧光屏不会直接受到光线照射的位置。最好放置在有柔和灯光间接照射的地方，观看角度最好是眼睛向下方。因为，如果荧光屏的反光或周围的光线比较暗淡，那么往往会对眼睛造成伤害，从而出现眼睛疲劳、流泪，严重的还会引起视力下降。

② 在摆放电视机时还要考虑人们的观看距离。对于平板电视机来说，如果电视机的分辨率为 1920×1080，宽高比为 16∶9，那么尺寸满足图像高度大约是观看距离的 1/3。因此，一般建议平板电视机的合理观看距离为电视机屏幕高度的 3 倍左右。因为距离太近不仅会影响人们的视力，而且屏幕发出的电磁辐射对人

体也是有害的。

③ 为了保护我们的视力，应把电视机图像的亮度调至适中的位置，以防止因太过刺眼而影响视力。在看电视时，室内最好要有适当的背景照明，如开一个 5W 的节能灯。

④ 看电视的时间也不宜太久。一般连续观看 1 小时左右就应当休息一下，对于未成年的孩子来说则连续观看不宜超过半小时。如果观看时间太长的话，不仅会影响眼睛的健康，还容易导致大脑的疲劳。在看电视中要适当地穿插一些运动，以解除眼睛的疲劳。专家建议，看 30 分电视后至少要休息 10 分。

5. 什么是“电视综合征”？

电视机极大地丰富了人们的文化生活。然而，在人们迷恋电视的同时，也在遭受电视之害。“电视综合征”就是电视对人们的危害之一。有报告称，每天看电视平均在 3 小时以上的人，就有可能患上“电视综合征”。

什么是“电视综合征”呢？“电视综合征”又被称为“电视病”，是由于长时间看电视而引起的一系列不适的反应，即由于迷恋电视而引起的一系列心理和生理上的症候群。有研究称，经常长时间看电视有可能使人出现眼球充血、视觉障碍、头痛、头晕、失眠、心烦、斑疹等症状，还有可能造成颈部软组织酸痛不适，下肢酸胀、麻木、痉挛等。

“电视综合征”的主要表现是时刻想看电视，一看就是几个小时，从而养成一种非常孤独和难以与人沟通的性格。总是喜欢模仿电视中人物的动作和语言，甚至发展到自言自语、手舞足蹈的反常现象。出现上述症候群的儿童以 3～15 岁为多见。主要原因是儿童的脑神经功能不健全，缺乏思维分析识别能力。

6. 为什么要控制看电视的时间？

经常看电视属于一种久坐不动的生活方式，因此对人体健康十分有害。澳大利亚的研究人员称，无论在发达国家还是在发展中国家，经常看电视可能已像抽烟和肥胖那样，成为了一种重要的公共健康问题。据悉，英国人观看电视的时间为每天 4 小时，美国人则为 5 小时。并且，这种生活方式与多种高死亡风险相关，尤其是心脏病发作或中风。

英国的一份医学杂志载文称，平均每天看电视在 6 小时以上的人，其预期寿命可能要缩短 5 年左右。为什么会出现这样的结果呢？其实，这并不是电视直接缩短了人们的寿命，真正的原因是人们长期坐着而不运动。

久坐不动往往会导致肌肉缺乏运动，进而影响人们的新陈代谢。并且，长时间看电视的人更少参加体育运动或有益身心健康的社交活动。同时，长时间看电视的人更倾向于进食不健康的食品，所以更容易患肥胖症、糖尿病和心血管等疾病。甚至有研究认为即使锻炼也弥补不了人们在电视机前久坐所造成的伤害。看来，成年人看电视也需要控制看电视的时间。

7. 少年儿童长时间看电视有哪些危害？

英国权威心理学家埃里克·西格曼博士对少年儿童看电视的问题，进行了长达十多年的跟踪研究，从而发现了看电视对少年儿童健康的不良影响。西格曼曾撰文呼吁："我们应该像限盐、限脂肪摄入一样，严格控制少年儿童每天看电视的时间。"

那么，少年儿童长时间看电视有哪些危害呢？西格曼博士认

为，儿童需要通过抓握、感觉、碰触、品尝，以及移动真实的物体来激发他们的神经系统和认知能力，进而对他们所处的世界形成基本的认识。而现在的儿童很小就开始长时间观看电视或电脑画面，这样就使得他们无法通过亲身体验形成空间观念。因此，儿童长时间看电视会影响他们的大脑发育。

国外的研究报告认为，儿童看电视时间过多，则可能会导致青春期提前到来。日本的一份调查结果称，2 岁以下的婴幼儿看电视时间过长，会影响他们的语言发育，从而导致他们的表达能力不良。即使婴幼儿不是直接看电视，而家庭成员（特别是母亲）长时间看电视也会影响婴幼儿的语言发育。

美国的研究结果还表明，儿童看电视时间越长，学习成绩就越糟糕。美国的婴幼儿教育专家帕谢克认为，为人父母可以让自己的孩子玩一些类似画画或搭积木的游戏，但千万不要让他们长时间玩那些只需进行简单作答的电脑游戏。

2010 年，西格曼博士向欧洲议会提出建议："应禁止在 15 岁以下少年儿童的卧室内摆放电视和电脑，以此来控制他们在屏幕前的时间。" 目前，美国和澳大利亚都建议，儿童每天看电视的时间不要超过两个小时。法国则禁止国内播放针对 3 岁以下婴幼儿的电视节目。由于儿童长时间看电视有碍大脑的发育，所以 9 岁以下的儿童应远离电视机和电脑屏幕。

8. 为什么电视机需要经常擦拭?

研究认为，灰尘是电磁辐射的重要载体。如果液晶电视机不经常擦拭，那么，即使把它们关掉，电磁辐射仍然留在灰尘里，继续对人的健康产生危害。因此，液晶电视机最好能经常擦拭。

人们在清除灰尘的同时，也就把滞留在里面的电磁辐射清除掉了，因此可以有效地防止辐射对健康的危害。另外，灰尘还会使电子元器件、电路板和散热器经常超负荷工作，最终导致耗电量增加，甚至会烧坏电子元器件。及时清除电视机屏幕上的灰尘，还具有节能的效果。

9. 清洁电视机屏幕应注意哪些问题？

电视机屏幕非常容易受到灰尘的污染，不仅影响美观，而且会影响电视的观看效果。

在清洁电视机屏幕之前，应首先将电源插头拔下。然后用干净柔软的布蘸取专用的清洁剂，或是用棉球蘸取磁头清洗液进行擦拭。

千万不能用纸巾等表面粗糙的物品擦拭电视机屏幕，以防不小心划伤电视机屏幕。最后，一定要用干布再擦一遍，以防电视机屏幕长时间停留在潮湿状态。

要注意不能用清水清洁电视机屏幕，因为在用清水清洁时很容易把水滴滴入电视机内部，这样往往会造成内部电路短路，并有可能烧坏电视机。液晶是非常容易受潮的，会因此造成永久性损坏。如果在用水清洁电视机屏幕时水滴渗入了屏幕内部，要注意千万不要通电，应让水分在温暖的环境下慢慢蒸发。并且，也不能用酒精和其他一些化学溶剂清洁液晶电视机屏幕，因为酒精和化学溶剂会溶解液晶电视机屏幕上的特殊涂层，从而损坏液晶面板。

10. 为什么不要在电视机旁放太多的植物?

潮湿作为电视机的隐形杀手之一，对电视机具有巨大的破坏作用。如果在电视机周围放置太多的花卉植物，那么就容易造成电视机周围的湿度增大，从而有可能导致电视机的损坏。

由于现在大多数平板电视机都没有设置防水保护，因此空气中的水分容易通过散热栅格进入电视机内而与电路板相接触，长此下去就容易造成电路板的短路进而损坏电视机。许多电视机之所以会在梅雨天气出现故障，其原因就是空气湿度太大。所以，不要在电视机旁放太多的花卉植物，以防发生电视机故障。

11. 如何确定平板电视机的安装高度?

关于平板电视机的安装高度，应以用户坐在凳子或沙发上看电视时眼睛与电视机中心相平为宜，这样能够保证人们能够平视平板电视机，因此有利于保护视力。

一般来说，平板电视机常规安装高度应使显示屏垂直法线与视线的夹角小于 15°，即电视机的中心点距离地面大约 1.3m。这时的电视机高度，恰好是用户在沙发上观看电视的合适高度。例如，42 英寸平板电视机的屏幕高度大约为 60cm，如果安装高度为 1.3m（中心点距地高度）的话，那么该平板电视机底边的离地高度则为 1m。

如果用户平常喜欢躺在沙发上看电视，那么可以根据实际情况对安装高度进行调整。

12. 为什么电视机要尽量避免强电磁场物质?

为了更好地收看电视，应当让有可能产生强电磁场的物品远离电视机。因为这些产品会对电视机播放和电视机音响系统造成很大的影响。

电视机是一种最怕强磁场干扰的家用电器之一。当人们拿着有磁性的物体在电视机荧光屏前进行移动时，就可以发现电视机的图像色彩发生紊乱，从而影响人们的正常收看。所以，在电视机旁要尽量少放其他电器，如电冰箱和电视机应尽量离得远一些。

特别是收录机、音箱、磁铁等物体更不要放在电视机近旁。因为收录机及音箱中带有很大磁性的扬声器，并在周围形成较强的磁场，这个磁场也会直接影响到电视机的电磁场。另外，室内也不要放置闲杂金属物品，以免形成电磁波的再次发射。此外，如无线收音机、电磁炉等移动性强的电器也应与电视机保持一定的距离。

13. 什么是光污染?

光污染是指对人们正常生活、工作、休息和娱乐带来不利影响，并引起人体不舒适感和损害人体健康的各种光。眩光就是一种光污染，那么眩光具有哪些危害呢？

眩光通常是指光源发出的光照射到人眼所产生的目眩现象。眩光是一种不良的照明现象，当光源的亮度极高或是背景与视野中心的亮度差较大时就会产生眩光。眩光是引起视觉疲劳的重要原因之一，具有很大的危害性。眩光通常会使人视线模

糊不清，从而降低人眼分辨光度强弱的能力。例如，汽车灯光可以使行人或者驾驶员发生短暂性视觉丧失，从而有可能引发交通事故。

在防护不当的情况下，眩光还会伤害人们的视力。例如，眩光容易造成眼睛疲劳，降低阅读效率，甚至造成眼睛酸痛和头痛等症状。在健康照明当中，应当创造一个没有眩光的照明环境。

知识衔接

眩光的分类

按照眩光产生机理的不同，可以分为直接眩光、间接眩光、反射眩光和对比眩光。

① 直接眩光：在观察物体的方向上或在接近视线方向存在的发光体所产生的眩光。在建筑环境中，透过玻璃的太阳光、发光顶棚等大面积光源，以及小型灯具等小面积光源，当这些光源过亮时就会成为直接眩光的光源。

② 间接眩光：又称干扰眩光，是指在视野中存在着高亮度的光源时，而又不在观察物体的方向上，这时所产生的眩光就是间接眩光。

③ 反射眩光：由反射所引起的眩光，特别是在靠近视线方向看见反射所产生的眩光。

④ 对比眩光：在光环境中存在着过大的亮度对比，就会形成对比眩光。并且环境亮度与光源亮度之差越大，对比眩光就越容易形成。

14. 室内照明应满足哪些要求？

室内照明是满足人们对空间环境的物理、生理、心理及美学等方面要求的必要条件。那么，室内照明应满足哪些要求呢？

① 功能要求。室内灯光照明设计必须坚持“以人为本”的原则，根据不同职业背景人群的自身条件，以及对于光的喜好倾向性，营造符合功能要求的室内光环境。同时，根据不同的空间、不同的场合、不同的对象选择不同的照明方式和灯具，并保证达到恰当的照度和亮度水平。

② 美观要求。灯光照明在满足室内光环境功能要求的同时，还是装饰美化环境和创造艺术氛围的重要手段。具有不同艺术风格的灯具，不仅是室内空间不可缺少的装饰品，而且具有重要的生理和心理效应。

③ 科学要求。室内照明应合理分布光源，如客厅、厨房、餐厅等空间应保持明亮的氛围，卧室的光线则要柔和温馨，书房需要集中光源以保持阅读舒适。并要注意避免眩光的产生，以保护视力和健康。同时，还要保持室内灯饰与家具、空间和色彩的协调。

④ 采光要求。室内照明应充分考虑室内空间自然采光的需要，以创造一个良好的采光照明效果。利用自然采光照明，不仅可以节约大量的能源，而且还能达到有益于身心健康的视觉效果。

⑤ 安全要求。在进行室内照明设计时，一定要满足安全方面的要求，防止电气火灾等事故的发生。尤其要严格按照安全用电规程进行导线选择和灯具安装。并采取严格的防触电、防断路等安全措施，以避免意外事故的发生。

15. 居室照明如何确定照明的照度?

保持合适的照度是居室健康照明的一个基本条件，对于提高人们的工作和学习效率是有益处的。在过于强烈或过于阴暗的光线照射下进行工作和学习，对于人们的眼睛都是十分有害的。因此，应根据工作、学习和生活的特点，以及对视觉的特殊要求确定照明的照度。表 4-2 为居住建筑照明标准。

表 4-2 居住建筑照明标准

房间或场所		参考平面及其高度	照度标准值（lx）	Ra
起居室	一般活动	0.75m 水平面	100	80
	书写、阅读		300*	
卧室	一般活动	0.75m 水平面	75	80
	床头、阅读		150*	
餐厅		0.75m 餐桌面	150	80
厨房	一般活动	0.75m 水平面	100	80
	操作台	台面	150*	
卫生间		0.75m 水平面	100	80

资料来源：《建筑照明设计标准》（GB 50034—2004）。

注：带*号者宜用混合照明。

知识衔接

照度的物理含义

简单来说，照度就是指物体被照亮的程度。严格来说，照度是反映光照强度的一个概念，其物理意义是指照射到单位面积上的光通量。

照度的单位为“勒克斯”（lx），当 1 流明（lm）的光通量均匀地照射在 1 平方米（m^2）的面积上时，这个面上的照度就是 1 勒克斯（lx），即 $1lx = 1lm/m^2$。

应当注意的是，照度是以垂直面所接受的光通量为计算标准的，因此对于倾斜照射的情况其照度则是要打折扣的。人们在制定照明标准时，通常要明确照度的标准值。

16. 如何布置客厅的照明?

客厅是全家活动的场所，可以聊天、会客、读书及听音乐、看电视等，对照明的要求比较高。一般来说，客厅应采用总体照明与局部照明相结合的方式满足客厅对灯光的要求。

总体照明可使用顶灯，并根据客厅的面积和高度来选择顶灯的类型，如果面积很小且居室形状不规则，那么最好选用吸顶灯；如果客厅又高又大，可在房间中央装一盏吊灯作为主体灯，创造稳重大方、温暖热烈的环境，使客人有宾至如归的亲切感。

至于局部照明，则可利用落地灯或壁灯等达到使用和点缀的效果。例如，在看电视和阅读时，可关掉顶灯打开落地灯，这样既不刺眼又显得很宁静。

当然，由于每个家庭居室的情况不同，客厅的功能也不尽相同，再加上个人的喜好和风格不同，在具体选择灯具时应根据实际情况灵活掌握，以达到令自己满意的效果。

17. 卧室照明应注意什么?

卧室是人们睡眠休息的场所，灯光照明应能营造安静、闲适、柔和、亲切、安全的氛围，以有利于休息和睡眠。

从卧室照明的类型看，主要包括普通照明、局部照明和装饰照明 3 种。普通照明是为休息起居服务的，局部照明是为梳妆、更衣、阅读等活动服务的，装饰照明则是为美化室内环境服务的。

卧室的主体照明可选用乳白色的吸顶灯或吊灯，安装在卧室的中央。在床头的上方 1.8m 处可安装一盏壁灯，也可以利用床头柜上的台灯进行局部照明。建议选用节能灯光源，不仅可以营

造一个和谐的气氛，还可以达到节能的目的。

卧室内的照明灯具颜色应与卧室色调相协调，以深色家具为主色调的卧室最好选用乳白色或浅绿色的灯具，以浅色为主色调的卧室宜选用有色彩的灯具。注意灯具的金属部分不宜有太强的反光，以创造一种平和的气氛。同时，卧室照明还应考虑整体的空间效果。

对于客卧兼用的房间照明，则应注意装设可供交替使用的灯具，以满足不同照明场合的光照要求。一般主体照明可参照客厅标准，在房间中央装设一盏吊灯，作为会客之用。同时，还可在墙壁上安装一盏具有节能效果的荧光灯，作为日常活动照明之需。另外，可在墙上安装一盏壁灯，以作为局部照明之用。

18. 如何保护少年儿童的视力健康?

少年儿童的视力健康，直接影响到他们的未来。对于在读的中小学生来说，除了在学校教室的学习之外，在家庭中的学习环境也不容忽视。因此，在家庭营造一个适宜学习的照明环境，也是保证他们视力健康的重要环节。

在夜晚学习时，除了房间一般照明之外，应当在写字台上放置一个台灯作为局部照明。选择台灯应考虑功率合理、没有频闪及配光合理等，并注意桌面照度要高于环境照度，使视觉感到舒适，这样有助于提高学习效率。

实际上，人工照明可以对人的心理和情绪等产生影响。长时间照明不足会造成视觉紧张，使肌体易于疲劳，注意力分散；而过度的照明也会使人在心理上感到不舒服。

为了中小学生的视力健康，不仅要养成看书写字的正确姿势，而且看书与写字时的光线要适度，不宜过强或过暗。台灯应放在书桌的左上角，以免手的阴影妨碍视线。并且看书的时间不宜过长，中间休息时应闭眼或向远处眺望数分钟，防止眼睛过度疲劳。

19. 什么是绿色照明?

绿色照明是指节约能源、保护环境，有益于提高人们生产、工作、学习效率和生活质量，保护身心健康的照明。有人把这个定义概括为 4 个指标，即节能、环保、安全、舒适。

这里的“节能”是指消耗较少的电能获得足够的照明，“环保”是指通过节能照明可以减少发电过程中的污染物排放，“安全”是指不产生紫外线、眩光及频闪效应等有害光照，“舒适”是指照明质量能够满足生产生活需要及有益于身心健康。

绿色照明的实现是一个复杂的过程。可以通过科学的照明设计，采用高效节能和性能可靠的照明电器产品，以及先进适用的照明技术，并充分利用天然光照明，以创造一个有益于人们身心健康和改善工作、学习、生活条件的高品质照明环境，并达到节约能源和保护环境的经济社会目标。

20. 什么是优质光源?

什么是优质光源呢？一般来讲，优质光源应具有以下 4 个方面的特征。

① 光源发出的光谱应为全色光。全色光是指光谱连续分布在人眼可见范围之内，对应的波长范围为 380～780nm，即含有红、橙、黄、绿、青、蓝、紫光的光线。太阳光就是自然界中的全色光，即包含 7 种单色光的白色光。如果光源发出的光谱成分

不平衡，那么就会因存在明显色差而造成视觉疲劳。

② 在光源的光谱成分中应没有紫外光和红外光。紫外光和红外光都属于不可见光，在照明环境中过量接受这两种辐射对人们视觉健康是有危害的。据悉，长期过量接受紫外辐射，容易引起角膜炎等视觉疾患，甚至还会对晶状体和视网膜等造成损伤。而长期过量接受红外辐射也会对视觉系统造成伤害，原来红外辐射极易被水吸收，因此当其在人眼晶状体聚集时就会被大量吸收，从而容易使晶状体发生变性，甚至导致白内障等严重疾患。

③ 光源发出的光的色温应与自然光相接近。原来，色温是用温度表示光的颜色的一种量化指标，而不同色温的光源往往给人以不同的心理感受。由于人们长期在自然光下生活，因此人眼对自然光具有很强的适应性。研究证明，在自然光照明条件下，人眼的视觉灵敏度要高于人工光 5%～20%。因此，要采用与自然光色温相接近的高效优质照明光源，以发挥其良好的生理和心理效应。

④ 光源发出的光应为无频闪光。那么，什么是无频闪光呢？原来，无频闪光是指不出现一亮一暗交替变化的光。据悉，由于我国交流电网采用 50Hz 的频率，因此普通日光灯在发光时每秒要亮暗 100 次。普通日光灯发出的光属于低频率的频闪光，这种光会使人眼的调节器官处于紧张调节状态，因此容易导致人们的视觉疲劳。

21. 为什么三基色电子镇流荧光灯对眼睛没有伤害?

由于三基色电子镇流荧光灯的特殊工作原理，使其消除了“频闪”对眼睛的伤害。对于一般的荧光灯来说，由于采用 50Hz

的市电，其灯管两端的电极交替变化，每秒会有100次一亮一暗的闪烁，这就是我们俗称的“频闪”。如果长期在有“频闪”的光环境下进行读书写字，那么眼睛就会感到疲劳、酸痛，甚至还有可能伤害到视神经。

而三基色荧光灯的电子镇流器，在将交流电源转换为直流之后，又经电子逆变把直流转变成了高频交流电。由于高频交流电的频率极高，已经接近连续无间断的电流，这就从根本上消除了“频闪”现象。所以，三基色电子镇流荧光灯可以明显改善照明质量，从而减轻人们的视觉疲劳。

22. 为什么不能乱扔节能灯?

我国目前绝大多数节能灯都是含汞产品，因为节能灯是利用荧光粉把低气压汞蒸气放电过程中产生的紫外线转变成可见光的电光源。由于汞的沸点很低，在常温下即可蒸发，废弃的节能灯管如果得不到合理处置，那么其散发的汞蒸气就有可能成为一个重要的污染源。

据悉，每支节能灯的含汞量大约为3mg，照此计算汞的年使用量也是一个巨大的数字。我国大气质量标准对空气中的汞蒸气浓度有着严格的规定，该规定要求空气中的汞最大允许浓度为0.01mg/m^3。有报告称，一支常温下打碎的40W荧光灯瞬间可使周围空气中的汞蒸气浓度达到3～5mg/m^3，这已经超过国家大气质量标准中汞最大允许浓度的几百倍。

要知道，废弃的节能灯管一旦破损，释放出来的汞蒸气不但对人体直接产生危害，而且会渗入土壤及水体中对人体和生物链构成威胁。对于消费者来说，当前最主要的是强化环境保护意识，严禁砸碎含汞灯管并随意投入垃圾箱。

知识衔接

提倡使用低汞节能灯

从国家节能减排的总体目标来讲，大力发展无汞节能灯技术及产品，建立节能灯强制回收机制具有重要的意义。同时，应提倡使用低汞节能灯和细管径直管荧光灯，原来，T5荧光灯的用汞量只有T12荧光灯的1/3左右，这样可以减少汞的污染，也可提高其发光效率和延长其使用寿命。

23. 为什么说半导体灯为新一代优质光源?

据悉，用发光二极管制作的照明器具，其发光效率在所有的灯泡中是最高的，因此发光二极管很有可能成为未来显示器和照明器具的主流产品。

半导体灯的英文缩写为LED，是一种很有发展前途的优质光源，图4-1所示为半导体灯外形图。LED的发光原理与白炽灯和气体放电灯的发光原理都不同，具有无频闪、无紫外线辐射、无电磁波辐射、较低热辐射等特性，利用光扩散技术还可以消除眩光。半导体灯作为照明光源，具有节能好、寿命长的独特优势。例如，这种灯泡可连续使用10万小时，比普通白炽灯寿命长100倍；并且节电效果显著，一支3W的发光二极管灯的照明效果与60W的白炽灯相当。

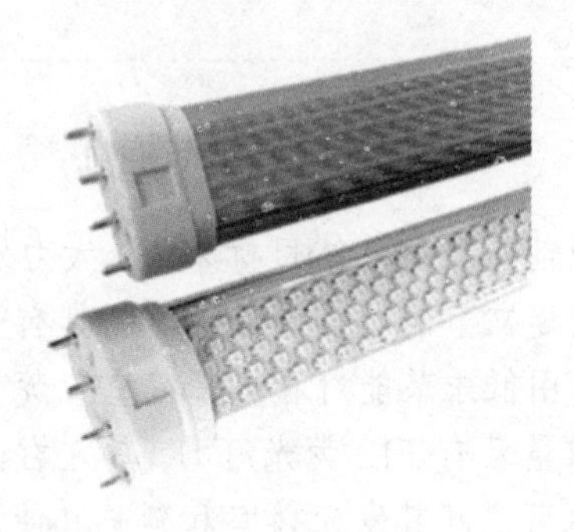

图 4-1　半导体灯

第五章　安全使用及救护常识

1. 家电防触电方式是如何分类的?

家用电器已经成为我们生活的一个重要组成部分，这就对家用电器的安全性提出了更高的要求。从安全角度看，家用电器按照防触电保护方式可以分为 5 类产品。

① O 类电器：依靠基本绝缘防止触电危险的电器，它没有接地保护，一般用于工作环境良好的场所。这类电器主要用于人们接触不到的地方，如荧光灯的整流器等电器。所以这类电器的安全要求不高。

② OI 类电器：至少有基本绝缘和接地端子的电器，电源软线中没有接地导线，插头也没有接地插脚，不能插入带有接地的电源插座。目前，国内生产的家用电动洗衣机多为 OI 类电器。

③ I 类电器：该类电器的防触电保护不仅依靠基本绝缘，而且有一个附加预防措施，其方法是将易触及的导电部件与已安装在固定线路中的保护接地导线连接起来，使易触及的导电部件在基本绝缘损坏时不成为带电体。例如，国产电冰箱多为 I 类电器。

④ II 类电器：在防止触电保护方面，不仅依靠基本绝缘，还具有附加的安全预防措施。其方法是采用双重绝缘或加强绝缘结构，但没有保护接地或依靠安装条件的措施。例如，国内生产的电热毯多为 II 类电器。

⑤ III 类电器：在防触电保护方面，依靠安全特低电压供电，同时在电路内部任何部位均不会产生比安全特低电压高的电压。

2. 为什么家用电器要有足够的绝缘电阻？

绝缘电阻是指家用电器带电部分与外露非带电金属部分之间的电阻，其数值大小是评价其绝缘质量好坏的重要标志之一。按照要求，家用电器所有的绝缘都必须有足够的绝缘电阻。

随着家用电器普及率的提高，确保使用者的安全已经成为一个十分紧迫的问题。为确保使用者的人身安全，国家对家用电器的绝缘质量提出了越来越严格的要求。

国际电工委员会（IEC）标准规定，测量带电部件与壳体之间的绝缘电阻时，基本绝缘条件的绝缘电阻值不应小于 2MΩ，加强绝缘条件的绝缘电阻值不应小于 7MΩ；II 类电器的带电部件和仅用基本绝缘与带电部件隔离的金属部件之间，绝缘电阻值不小于 2MΩ；II 类电器的仅用基本绝缘与带电部件隔离的金属部件和壳体之间，绝缘电阻值不小于 5MΩ。

3. 什么是家用电器的 3C 认证标志？

3C（CCC）认证标志是我国实施强制性产品认证的标识。强制性产品认证的对象涉及人体健康、动植物生命安全、环境保护、公共安全、国家安全的产品，所有在中华人民共和国境内生产、出口、销售和使用的上述各类产品都必须取得 3C 认证。只有通过 3C 认证的产品才能被认为在安全、EMC、环保等方面符合强制要求，图 5-1 为 3C 认证标志图标。

目前，大部分家用电器产品都已实施了 3C 强制性产品认证，包括电冰箱、空气调节器、洗衣机、电热水器、微波炉、电磁炉、电饭锅、电风扇、电视机等家用电器产品。

图 5-1　3C 认证标志

4. 什么是家用电器的温升要求?

在家用电器工作时，往往会由于发热而使温度升高。家用电器的温升是指高出环境温度（规定 40℃为基准）的度数。持续过高的温升不仅会导致绝缘性能的下降和破坏，而且会影响使用者的安全，如会造成家用电器局部自燃或释放可燃气体以酿成火灾。为了确保使用者的人身安全，国家对家用电器规定了极限温升要求。

例如，对家用电器绕组的 A 级绝缘、E 级绝缘、B 级绝缘、F 级绝缘、H 级绝缘，规定的允许温升值分别为 60K、75K、80K、100K、125K。E26 型、E27 型灯座的金属型或陶瓷型允许温升值为 145K，非陶瓷绝缘型规定的允许温升值为 105K。对电器插头的插脚，规定在高温情况下使用允许温升值为 115K，在冷态情况下使用允许温升值为 25K。

5. 家用电器的安全性能包括哪些方面?

为了保证消费者人身安全和使用环境不受任何危害，我国制定了一系列的家用电器产品安全标准。所谓标准，就是家用电器产品在设计、制造时必须严格执行的各项规定。这些标准一般要用文字、图表、样品等具体形式表示出来，以提供给生产者组织现代工业生产。家用电器安全标准涉及安全方面的规定，分为对使用者和对环境两个部分。其中对于使用者的安全事项包括以下几个方面。

① 防止人体触电。在人体接触用电设备的带电部分并形成电流通路的时候，就会有电流流过人体，从而造成触电。当有电流通过人体时，电流就会对人体造成伤害。其伤害程度与电流流过人体的电流强度、持续的时间、电流频率、电压大小，以及流经人体的途径等多种因素有关。

触电对人体的危害主要是因电流通过人体一定路径引起的。电流通过头部会使人昏迷，电流通过脊髓会使人截瘫，电流通过中枢神经会引起中枢神经系统严重失调而导致死亡。通过人体的电流为 8～10mA 时，人手就很难摆脱带电体；通过人体的电流达到 100mA 时，只要很短时间就会使人窒息而死亡；电流越大，从触电到死亡的时间越短。发生在家庭电路中的触电事故，都是由于人体直接或间接地与火线连通造成的。因此，防触电保护是家用电器安全标准中首先应当考虑的问题。

② 防止过高的温升。家用电器产品在正常或故障条件下工作时，应当能够防止由于局部高温过热而造成人体烫伤，并能防止发生火灾和触电等严重事故。我们知道，电流具有热效应，故家用电器产品的温升应当控制在合理的范围内，因为过高的温升不仅会直接影响使用者的安全，而且会影响到家用电器产品的其他安全性能。

③ 防止机械危害。这是家用电器产品安全性能的一个重要方面。像电视机、电风扇、电冰箱等家用电器产品，一般儿童都能直接进行操作，这就对家用电器产品的机械稳定性、易触及部

件以及操作结构件的结构提出了一些特殊的要求。例如，家用电器产品的整机稳定性一定要满足要求，以防止台架不稳或运动部件倾倒而造成事故；家用电器产品的外露结构部件不能有锋利的边棱和突出的毛刺，以防止这些边棱和毛刺刺伤人。

④ 防止有毒有害气体的危害。家用电器产品应当符合绿色环保的要求，不得使用有毒有害的器件和材料。但家用电器所装配的元器件和原材料，在产品出现故障或发生燃烧、爆炸时可能会产生有毒有害气体，如一氧化碳、二硫化碳及硫化氢等。家用电器的安全性能应该保证家用电器在正常工作或故障状态下，释放出的有毒有害气体的剂量要在危险值以下。

⑤ 防止辐射引起的危害。各种家用电器在工作状态下都会产生电磁辐射，这是家用电器安全性能需要面对的问题之一。关于电磁辐射与人体健康关系的研究很多，但由于在研究目的、对象、方法等方面存在较大的差异，所以得出的结论尚不一致。多数学者带有共识性的观点认为，人体如果长期暴露在超过安全辐射剂量的环境中，人体细胞就会被大面积杀伤或杀死。所以，为了保证消费者的安全，在设计家用电器产品时应使其产生的各种辐射泄漏限制在规定数值以内。

6. 家用电器对环境的安全性能包括哪些方面？

家用电器对环境的安全性能，主要包括防止火灾、防止爆炸危险、防止噪声超标等多个方面。

① 防止火灾。据悉，全国电器火灾大约占到全年火灾总数的 28%，全国平均每 20 分钟便会有一起电器火灾事故的发生，这说明防止电器火灾的形势依然十分严峻。电器火灾最易发生在夏天，由于家庭用电量剧增，稍有不注意就极易引起电器火灾。

在家用电器中，电视机和电脑等电器发生着火是比较危险的，因为其荧光屏和显像管极有可能发生爆炸。电器火灾的后果极其严重，将直接危及消费者的生命财产安全。

② 防止爆炸危险。家用电器爆炸的事件时有发生，这应当引起人们的高度关注。电视机显示器的显像管和高压包都有可能发生爆炸，引起显像管爆炸的原因大体为受到外力碰撞或受热不均引起电路短路；而引起高压包爆炸的原因多是供电不稳或电源接地有问题所致。专家指出，洗衣机电路系统和电机均属非防爆型，在开启、关停时都会产生电火花。如果在洗衣机内使用汽油、乙醚、乙醇等易挥发、易着火的低燃点物质，便容易发生意外。当电冰箱内电路发生短路时，也极有可能发生火灾和爆炸，预防的关键在于防止电冰箱的电源线与压缩机、冷凝器接触。专家认为，很多家用电器出现爆炸或火灾的事故除了使用不当外，电器老化也是一个重要的原因。对一些超龄电器，应该果断予以淘汰和更新。

③ 防止噪声超标。所谓家电噪声，就是指家电发出的噪声。家用电器在为人们生活带来方便的同时，也会产生噪声等副作用。噪声的最大允许值是 70dB，超过 70dB 就会对人的听力有影响。人们长时期生活在强噪声的环境中，就会出现血压不稳、食欲不振、体重减轻、神经衰弱等症状。研究发现，噪声超过 85dB，会使人感到心烦意乱，人们会感觉到吵闹，因而无法专心地工作，结果会导致工作效率降低。特别是噪声超标会对儿童身心健康产生很大的危害。专家研究证明，家庭室内噪声是造成儿童聋哑的主要原因，若在 85dB 以上噪声中生活，耳聋者可达 5%。

④ 其他方面的安全性能。从保护生态环境、维护消费者健康的角度来讲，还应当防止将废旧家电、电池和灯管等抛入环境之中，特别是投入水体之中，以避免造成生态环境污染，危及人们食物链安全。防止家用电器破坏后被消费者摄入和吸入异物，从而造成消费者人身伤害。

7. 为什么家用电器不宜超期服役？

家用电器也是存在安全使用期限的，否则就会产生安全方面的隐患。使用超期服役的家用电器，不仅是引发家庭火灾的一个重要因素，而且也存在耗能污染高、维修成本高、健康危害大的缺点，因此应当按规定及时更新家用电器。

超期服役的家用电器一般存在电路老化问题，往往会发生漏电现象，不仅耗电多，而且很容易因短路引起火灾。同时，许多家用电器的构成材料中含有铅、汞、氟等有毒有害物质，超期服役时很有可能导致这些有毒有害物质外泄，从而影响消费者的身体健康。

我国出台的《家用电器安全使用年限细则》中首次对彩电、冰箱、洗衣机等家用电器的使用年限做出了明确规定，广大城乡居民在消费时可以参考选择。该细则还对家用电器的使用年限和再生利用等方面做出了详细规定，其中包括厂家要对其生产的家用电器标明安全使用期限，并规定安全使用期限从消费者购买之日计起。

知识衔接

家用电器安全使用参考年限

彩色电视机——8～10年；电热水器——8年；空调器——8～10年；电熨斗——9年；电子钟——8年；电热毯——8年；电饭煲——10年；电冰箱——12～16年；个人电脑——6年；电风扇——10年；燃气灶——8年；洗衣机——8年；电吹风——4年；微波炉——10年；电动剃须刀——4年；吸尘器——8年。

8. 为什么在用电时严禁把电线直接插入插座内？

在家庭生活中，插头与插座必须完全匹配，这样才能保证用电安全。无论是家用电器电源连接，还是移动式用电器具的临时用电，都必须采用可分断的开关或插接头，严禁将电线直接插入插座孔内。

使用移动式用电器具时，引线及插头都应完整无损，否则是不能使用的。在临时用电时，严禁直接将电线线头插入插座内用电。否则，由于电线的线芯和插座的开口不匹配，两者不能完全接触或接触不到位，很容易引起“虚连接”而产生高热，这样容易发生火灾和触电事故。

同时，将电线直接插入插座，多种原因都可能使电线从插座口上部分脱落出来，此时如果不小心触摸到外露的线芯，那么就非常容易发生触电事故。

9. 为什么严禁用湿布擦拭插座？

当插座里的灰尘积聚太多时，往往会造成与用电器插头的接触不良，严重的还会导致其内部局部发热。当温度升高到一定程度时，插座往往就会发生变形，甚至还有可能造成短路而引发火灾事故。因此做好插座的清洁是十分必要的。

然而，有些人喜欢用湿抹布擦拭插座，其实这样做是十分危险的。因为，用湿布擦拭插座之后，抹布上的水分会使插孔变湿，此时马上插上电源就会发生短路，从而引发电器损坏或电气事故。

10. 为什么不能带电移动家用电器？

任何情况下，只要移动家用电器就一定要先把电源切断。严禁用拖导线的方法移动家用电器，以防发生触电事故和电器损坏。

在移动家用电器时难免会产生一些振动，如果带电移动家用电器，很有可能会使其内部线路发生短路，从而导致家用电器发生损坏；如果家用电器外壳或电源线发生漏电，那么移动家用电器的人还会发生触电事故。

在夏季高温季节，由于人手出汗导致电阻降低，更应当注意不要带电移动家用电器，以免发生触电事故。所以，在夏季要特别注意不要用手去移动正在运转的家用电器，如台扇、洗衣机、电视机、落地灯等。确实需要搬动家用电器时，一定要首先关上开关，并拔去电源插头。同时，不要赤手赤脚去修理家中带电的线路或设备。

对于灵敏度比较高的家用电器，在搬动时应采取一定的保护措施，从而减轻对电器的损害。搬动照明器具，应先将灯具用报纸等软质物品包装再装箱搬动，并在箱外注明“轻搬轻放”字样。搬动电视机时，应先拔下电源插头，然后装入原包装箱内，注意对电视机屏幕加以保护，并用胶带把电源固定好。对于电冰箱的搬运，可在搬家前 1 天把电冰箱的电源拔去，在搬入新居定位后应放置 30 分钟后再行通电，以保证压缩机的正常工作。

11. 为什么大功率家用电器不能共用一个插线板？

随着家用电器的普及，大功率电器也相继走进了千家万户。在使用家用电器时，千万不要乱拉乱接电线，尤其在使用空调器、电热水器、电水壶、电冰箱、电烤炉、洗衣机、电饭煲、电磁炉、抽水机、打米机等额定功率比较大的家用电器时，应当做到专线专用，并错开使用时间。

如果多个电器共用一个插线板，其总功率就有可能超过插线板的最大负载能力。大功率电器在工作时通过的电流比较大，多个电器共用一个插线板会使电源线电流过载而发热，容易引起电气火灾，并造成严重的事故。

知识衔接

电脑应单独使用三孔安全插座

电脑工作时的电压应处于稳定状态，忽高忽低的电压会给电脑造成极大的损害。所以，家用电脑应当单独使用三孔安全插座，不要与其他家用电器共用一个电源插座。不要带电拔插板卡和插头，这样容易损坏电脑的接口芯片。也不要频繁地开关电脑，以减少对电脑硬件的损害。

12. 为什么导线虚接容易引起火灾？

在敷设电线过程中，经常会遇到电线的连接问题。如果在导线连接时接头接得不好，那么连接处的接触电阻就会大为增加。

接头处接触电阻的增大，将会使发热量增加。在相同电流的情况下，接触电阻越大，其发热量就越高，相应的温度就会升高。当温度升高到一定程度时，就会烧坏导线的绝缘层，并有可能引燃附近的可燃物而发生火灾。

电线的连接质量直接影响用电安全。电气设备的正常工作需要有一个可靠的电流回路，为了形成这样一个电流回路，就需要完成导线与导线、开关、熔断器、电灯、电动机、家用电器等设备的有效且可靠的连接。接头的质量直接影响电气设备的正常工作。由于接头虚接而发生接触不良时，电流往往会发生时通时断现象，更容易发生火灾事故。只有按照一定的方法进行连接，才能保证用电安全。

13. 为什么不能用普通胶带代替绝缘胶带?

在家庭电气线路中，免不了要进行导线的连接，或者进行导线与用电器端子的连接。为了恢复接头处的绝缘性能，需要使用绝缘胶带进行包扎，这是非常重要的一个环节。然而，有人习惯用普通胶带代替绝缘胶带进行包扎，这是十分危险的。

绝缘胶带是一种具有绝缘功能的电工用胶带，适用于低压电气线路中的导线接头的绝缘恢复处理。而一般的医用胶带虽然黏性比较好，但是它的绝缘程度很低，又不耐较高的电压，因此用其代替绝缘胶带处理接头非常容易发生漏电事故，我们千万不能掉以轻心。

即便是绝缘胶带，在使用时也应当查看它是否已经失效。一般来说，绝缘胶带的储藏时间不应超过 15 个月，否则其绝缘性能也会降低，甚至失去绝缘性能。看来，绝缘胶带也不是永远绝缘的。为了确保安全用电，放置时间过长的绝缘胶带也不宜再用。

14. 为什么家用电器需要可靠接地?

家用电器接地的目的，主要是防止电器漏电可能对人体和设备造成的危害。所谓接地，就是将电力系统和电气设备的某一部分经接地线连接到接地极上。一般家用电器在正常工作时金属外壳是不带电的，但由于发生绝缘损坏或者在潮湿环境中使用，往往会导致其漏电或在外壳上带有静电。当人身触及带电的电器外壳时，就有可能发生触电伤亡事故。为了防止这种情况的发生，一般家用电器的说明书上都会提示：为了确保人身安全，应当进行可靠接地。

我们家庭生活用电一般是单相 220V 电源，入户电源线通常有火线和零线两根导线。有人说，既然工作电路中的电流可以由零线导走，那为什么还要接地呢？试想，如果电源的零线接触不好或者发生断线，那么该电器的外壳也会带电。此时，人体一旦触及该电器的外壳，就有可能发生触电事故。

凡是采用金属外壳的大功率家用电器都要使用接地保护，在外壳上接有一根黄绿相间的导线。采用保护接地措施，把家用电器的外壳与大地进行可靠的连接，是防止触电事故的一个重要环节。

有不少用户由于对保护接地不太了解，要么家用电器根本就不接地，要么接地方法不规范，这些都为安全用电留下了隐患。对于家庭用电来说，千万不可忽视家用电器的接地问题。接地可以防止触电事故的发生，还可以保护电气设备不受损坏、预防火灾、防止雷击等。

15. 为什么地线和零线不能混用?

地线和零线是不能混用的，否则具有很大的危险性。零线在家庭供电电路中属于电流回路线，接地保护线在家用电路中属于设备和人身安全的保护线，虽然它们的电位在正常时都是“零电位”(即不带电)，但二者属于完全不同的线路，绝对不可以混用。

特别是不能用零线做地线，由于接地线是和家用电器的金属外壳相连，如果零线带电那危险性就会变大。家用单相插座有许多种，通常有两孔和三孔之分，它们在接线时具有不同的要求。一定要注意零线与保护接地线是不能错接或接为一体的，否则具有触电危险。

16. 为什么使用三孔插座并不等于可靠接地?

可靠接地需要使用三孔插座，因为三孔插座上面有一个孔是专门用于接地的。但是三孔插座有接地孔并不等于就可靠接地，这主要还要看在电气线路中是否设置了接地极。如果你家的电气线路本来就没有接地极，或者有但根本就没有与三孔插座的地线接柱相接，那么这样的三孔插座是没有任何保护接地的。

在三孔插座的接线柱上，有一根专门的地线接柱，通过三脚插头可以把它与电器的金属外壳相连。如果三孔插座的地线接柱与可靠的接地装置相接，那么当发生漏电事故时就会通过可靠接地把电荷导入大地，从而避免触电事故的发生。有人认为，只要使用了三孔插座就等于可靠接地了，那是十分错误和危险的想法。

要求家用电器必须使用三孔插座，指的是使用带有保护接地的三孔插座，以避免触电事故的发生。

17. 为什么严禁把地线接到自来水管上?

有人在接地线时，为了图省事就近接在了自来水管或煤气管道上，殊不知这是十分危险的。

为什么不能把接地线接在自来水管上呢？现在有许多自来水管往往是不接地的，这样就无法构成回路将漏电电流导入大地。原来，为了防止自来水管接头处漏水，有人在安装自来水管时缠绕了若干圈绝缘带，这样自来水管在接头处就被绝缘带给隔离开了，因此就起不到接地作用了。如果误认为已经接地，而家用电器发生漏电时又不能通过自来水管导入大地，这样往往会发生触电事故。

把家用电器的接地线接在煤气管或天然气管道上，那更是十分危险的。同自来水管一样，煤气管或天然气管的连接处也缠绕有绝缘带，因此也不能构成回路将漏电电流导入大地。同时，家用电器发生漏电时产生的电火花，还有可能引起煤气或天然气的爆炸。

18. 为什么要安装漏电保护器?

为了确保用电安全，保护人身和设备安全，安装使用漏电保护器不失为一项有效的电气安全技术装置。图 5-2 为漏电保护器外形图。

漏电保护器的学名叫作剩余电流动作保护器。漏电保护器在规定的工作条件下，当电路中的漏电电流达到或者超过某一规定值时，它就能迅速地自动切断电路，从而达到保护人身和设备的

目的。因此，当人体接触绝缘破损的电气设备或线路时，由于漏电保护器能够迅速地断开故障电路，从而可以避免因漏电而引发的人身伤亡和火灾事故。

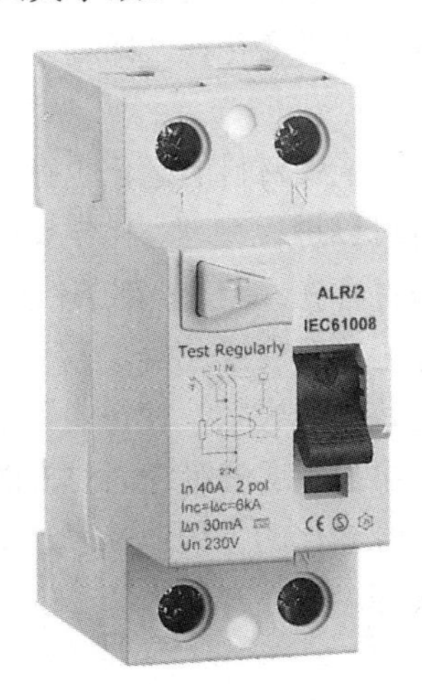

图 5-2 漏电保护器

19. 什么是家用电器的绝缘老化？

我们使用家用电器，接触最多的就是绝缘材料了。如果绝缘材料不绝缘了，那么后果是不堪设想的。所以，我们必须高度重视绝缘材料的绝缘性。

绝缘老化是影响绝缘材料绝缘性的一个重要因素。我们使用的导线外皮就是绝缘材料，它的老化性能直接影响导线的安全使用。那么，什么是绝缘老化呢？电气设备中的绝缘材料，在长期运行中由于受到各种因素的影响和应力作用，使其物理、化学、电气和机械等性能逐渐发生不可逆的劣化，这就是绝缘老化。

任何绝缘材料都存在老化的可能，并且这是一个日积月累的过程。绝缘老化的速度与绝缘结构、材料、制造工艺、运行环境、所受电压、负荷情况等有密切关系。高分子绝缘材料在长期使用过程中，由于外界各种因素作用的结果，使得在绝缘结构内部发生了不可逆转的物理、化学变化，这样就使得原有的绝缘性能逐步下降。

一般来说，高分子绝缘材料的老化也存在内因和外因，内因就是其内部结构中有可以进行物理、化学反应的条件，外因就是有促进老化的外部条件存在。这些外部条件包括电作用、热作用、化学作用、机械力作用、湿度影响等。

绝缘老化可以导致绝缘失效，使得电力设备不能继续运行，同时有可能引发触电事故。了解绝缘老化方面的知识，一方面要采取相应措施减缓绝缘老化的过程，另一方面要及时发现和更换已经绝缘老化的导线等。

20. 如何选用熔丝？

能否正确使用熔丝，不仅关系到家用电器能否受到保护，也会影响家庭成员的人身和财产安全。选购家用电路熔丝，应根据家庭电路的用电容量确定规格。例如，将家庭中所有家用电器的功率加起来，再除以 220V 的电压值，得出来的就是最大电流值。根据计算出来的电流值，可以选择相应额定电流值的熔丝。

例如，当家庭中的电器设备总功率为 1100W 时，应选择直径为 0.98mm，额定电流值为 5A 的熔丝就可以了。通常，熔丝的熔断电流是额定电流的 1.5～2.0 倍。通常家用电器在正常使用时，熔丝是不会熔断的。如果家用电器在使用时发生了熔丝熔断，那就说明电路中的电流超过了额定值，应当及时查出原因再行更换熔丝。

安装在家用电器上的熔丝被烧断后，不宜立即更换熔丝。应当先仔细查找烧断熔丝的原因，然后排除故障后再更换熔丝。在更换熔丝时，应尽量选用与原熔丝规格相同的熔丝。一般不宜采用大规格熔丝代替，也不宜用小容量的熔丝多根并用代替，更不能用铜丝或铁丝代替熔丝，否则不仅起不到应有的保护作用，还有可能发生触电事故。

21. 发生电气火灾的原因有哪些?

发生电气火灾的原因很多，主要有漏电、短路、过负荷、接触不良、电器质量缺陷、误操作及静电、雷电等。

所谓漏电，是指电力线路的某个地方由于绝缘能力下降，而导致的电线与电线之间、导线与大地之间有一部分电流通过的现象。漏电产生的局部高温可致可燃物着火，漏电火花也可引起火灾。

所谓短路，也称碰线、混线或连电，是指电气线路中的火线与邻线，或火线与地线在某一点碰在一起，引起电流突然大量增加的现象。短路时导致的电流突然增加，以及产生的火花和电弧，不仅能使绝缘层迅速燃烧，而且能引起附近的易燃可燃物燃烧。

所谓过负荷，是指当导线中通过电流量超过安全载流量时，导线的温度不断升高的现象。当导线过负荷时，其绝缘层就会逐渐老化变质。当严重过负荷时，导线的温度会不断升高，甚至会引起导线的绝缘发生燃烧，并能引燃可燃物而造成火灾。

所谓接触不良，是指接头连接不牢靠或其他原因导致接触部位局部电阻过大的现象。如果接头处局部电阻过大，那么当电流通过接头时就会在此处产生大量的热，从而引起导线的绝缘层发生燃烧，并引燃附近的可燃物而造成火灾。

所谓电器质量缺陷，是指不具有安全保障的假冒伪劣电器产品。由于这些电器产品（特别是电热产品）缺乏有效的控温装置、定时关闭机构和阻燃措施，因此在使用过程中存在极大的火灾危险性。在电气火灾中，有很多就是由于使用不合格电热产品引起的。

所谓误操作，是指违反操作规程使用电器产品。在电气火灾事故中，由于忘记关闭电源和错误操作占很大比例。

22. 家用电器发生火灾时该怎么办？

随着家用电器普及程度的提高，随之而来的是家用电器类火灾事故的频发。那么，在发生家庭电气火灾之后应当怎么办呢？

① 要立即切断电源。不管发生家庭电气火灾的原因如何，当务之急是根据火场的不同情况，正确、安全、迅速地切断火灾范围内的电源。如果知道控制电源开关的位置，可以用拉闸的方法切断电源。拉闸要戴上绝缘手套，人要离电源远一些，避免切断电源时的电弧喷射烧伤脸部。在切断电源时，一定要保持镇静，千万不要因慌张而发生触电事故。如果电气或插头仍在着火，千万不要用手去碰电器的开关。

② 无法切断电源时，或在不能确定电源是否被切断的情况下，应用干粉灭火器等专用灭火器灭火，千万不要用水或泡沫灭火器灭火。因为用水救火容易使人发生触电事故，不仅达不到救火的目的，而且会造成人员伤亡，从而造成更加惨重的损失。

③ 如果电视机或电脑发生着火，一定要注意防止爆炸事故的发生。对于电视机或电脑火灾，即使在关掉电源的情况下，它们的荧光屏和显像管也有可能发生爆炸。因此，应当在电视机或电脑发生冒烟起火时，就立即拔掉总电源插头，然后用地毯或棉

被等盖住它们，以阻止烟火的蔓延和防止显像管爆炸伤人。注意千万不能向电视机和电脑泼水或使用任何灭火器，因为温度的突然降低会使炽热的显像管发生爆炸。

④ 迅速拨打“119”或“110”电话报警。发生电气火灾的家用电器，在未经修理合格的情况下不得接通电源继续使用，以免发生触电和火灾事故。

知识衔接

如何报告火警？

利用电话报告火警时，一定要沉着冷静地拨打“119”火警电话，并讲清楚起火地点及其所在乡村、街道，说明是什么东西着火了，有无可燃爆炸危险物品存在。还要讲清楚报警人的姓名和电话号码，并等对方说明可以挂断电话时才可挂断电话。

打完电话后，要立即到交叉路口等候消防车的到来，以便引导消防车迅速赶到火灾现场。或者派专人在路口接应和引导消防车进入火场，所在单位负责人或家庭成员主动向消防队员说明起火情况。同时，还应迅速组织人员疏通消防车通道，清除障碍物，使消防车到火场后能立即进入最佳位置进行灭火救援。

如果着火地区发生了新的变化，要及时报告消防队，使他们能及时改变灭火战术，取得最佳效果。在交通不太方便的农村和边远地区，可采用敲锣、吹哨、喊话等方式向四周报警，动员乡邻乡亲来灭火。

23. 为什么雷雨天不要使用家用电器?

在雷雨天气，如何确保人们生命财产的安全，是一个事关家庭幸福的大问题。那么，怎样才能保证家用电器和生命财产的安全呢？

在室内，如遇雷雨大风天气，应立即拔掉室内电视机、音响、电冰箱、空调器等家用电器的电源插头。打雷时不要打电话，特别是不要打手机。并不要接触天线、水管、铁丝网、金属门窗等，远离电线等带电设备或其他类似金属装置。

根据雷电对人类的危害，一般可分为直击雷、雷电波侵入和感应雷。危及家用电器安全的主要是感应雷。所谓感应雷，是指雷电放电时在附近导体上产生的静电感应和电磁感应，它可以使金属部件之间产生火花而损害电器设备。

感应雷侵入室内主要是通过以下 4 条通道进行的：供电线、电话线、电视馈线及住房的外墙或柱子。其中前 3 个途径都是与家用电器有直接的外部线路连接的，因此对家用电器的危害更为严重。为了避免家用电器遭受雷击，防止对生命财产造成损失，雷雨天气避免使用家用电器具有重要的意义。

知识衔接

个人防雷“六字经”

夏季是雷击灾害高发季节。有关专家指出，作为个人在日常生活中应该念好防雷“六字经”。

学：作为个人，应该注意培养防范雷击灾害的意识，日常生活中要善于通过专家培训、媒体报道等各种渠道了解相关知识，尽可能多地掌握个人防雷原则及逃离常识等，这样

才能在雷电发生时做到不恐惧、不慌张，从容应对。

听：要关注天气变化，每天注意收听广播、电视，以及气象部门发布的相关天气信息，尤其是在突发天气增多的夏季，及时掌握天气动向，做到“防患于未然”。

察：常言说“出门看天”，对于要出差的人来说，要了解天象的一般规律，学会观察，以提前应对天气变化。尤其是野外作业的工作人员，更应该掌握天气变好变坏的有关征兆，保证雷电发生前预判的准确性。

断：一旦发生雷电，应迅速关闭有关电源，如手机等通信设备；还要切断万一遭受雷击后有可能引发二次灾害的管道，如燃气管道一旦遭受雷击时，极易引发火灾。

救：不幸发生雷击后，应该迅速组织自救和互救，尤其是对于被雷击者应及时施救。如果现场人员缺乏有关急救常识，可迅速拨打当地防雷中心或者有关医院的急救电话。

保：除了增强防范意识，做好个人保护外，还应积极利用有关雷电灾害的相关保险，从而将可能发生的灾害损失降到最低。

24. 为什么雷雨天不要接近电气设备?

在雷雨季节，要特别注意安全用电，以防止触电事故的发生，如远离电气设备和电力线路。雷雨天的空气湿度比较大，电气设备非常容易受潮而出现漏电现象，从而有可能引发电击事故及各种电气设备事故。

在雷雨天，还要远离易导电的金属物体，如水龙头、煤气管道、自来水管道等，还要远离建筑物的避雷针及其下引线，并且也不要随身携带金属物品，以防止发生雷击事故。

无论是电气设备还是金属物体，它们都是雷电电流泄放的重要目标。一旦雷电电流通过这些物体泄放下来，那么强大的雷电电流就会在这些导体上产生很高的电压。如果人们不小心触摸到了这些物体，那么就会受到这种触摸电压的袭击而发生触电事故。所以，在雷雨天应当远离电气设备和金属物体。

25. 为什么雷雨天不要使用太阳能热水器洗澡?

在雷雨天不要使用太阳能热水器洗澡，以防发生雷击事故。由于太阳能热水器被安装在建筑物的顶端，如果防雷装置不完善的话往往会成为一个“引雷”装置。因此，太阳能浴室在雷雨天就成为了家庭中的雷击高发区。

安装在建筑物顶端的太阳能热水器，通过水管与浴室相连，因此具有很好的导电性。由于太阳能热水器完全暴露在雷电直击的范围之内，而有些建筑物避雷措施又不完善，所以当雷电袭来时不仅会击坏太阳能热水器，而且强大的雷电电流会沿着水管进入浴室，轻则造成室内电器的损坏，重则有可能导致人身伤亡。

为了避免雷击事故的发生，在安装太阳能热水器时要使其处在避雷针的有效保护范围之内。同时，用户还要树立防雷意识，在雷雨天避免使用太阳能热水器，并拔掉电源插头，尽量不接触水管、水龙头等管路。

26. 如何让触电者脱离电源?

发生触电事故后，触电者由于发生痉挛或失去知觉等原因，会紧紧抓住带电体而不能自行摆脱电源，如果不能让触电者尽快脱离电源就会造成更为严重的后果。因此，尽快使触电者脱离电

源是救活触电者的首要因素。

对于低压触电事故，可采用下列方法使触电者脱离电源。如果触电地点附近有电源开关或电源插头，可立即拉开开关或拔出插头，以尽快断开电源。如果触电地点附近没有电源开关或电源插头，可用带有绝缘柄的电工钳或有干燥木柄的斧头切断电线，以尽快断开电源。

当电线搭落在触电者身上或被压在身下时，可用干燥的衣服、手套、绳索、木板、木棒等绝缘物作为工具，挑开电线或拉开触电者，使触电者脱离电源。施救者一定要注意自身保护，不得接触触电者的皮肤和潮湿衣服，不要接触裸露的电线和电器，以防止发生自身触电事故。

27. 什么是触电现场抢救“八字原则”？

发生触电事故之后，最大限度地提高施救质量，对于降低触电事故死亡率和致残率具有重要的意义。根据长期的急救实践，有人总结出了现场触电抢救八字原则“迅速、就地、准确、坚持”。

① 迅速：就是要尽快让触电者脱离电源。当发现有人发生严重触电，其自身已不能摆脱电源时，应迅速采取措施帮助触电者人体彻底脱离电源。脱离电源的方法应当视具体情况而定，如果电源开关就在附近，应立即拉断开关以切断电源；如果电源开关不在附近，应当因地制宜迅速利用现场可以利用的绝缘物品，使触电者脱离电源；如遇高压电力线路断落，应当迅速通知当地供电公司停电，然后才能进行抢救。

② 就地：就是必须在触电现场附近进行就地抢救，千万不要运往医院或供电公司进行抢救，以防止因耽误时间而影响抢救的成功率。当触电者脱离电源后，首先应当进行就地抢救，然后

根据具体情况进行处理。如果触电者伤害不太严重，应就地让其舒适躺下让其自我恢复，并通知医生进行观察处理。如果触电者伤害严重，心脏停止跳动，应迅速就地进行人工呼吸抢救，并在医生伴随下及时送医院诊治。

③ 准确：就是人工呼吸操作法的动作必须规范准确。据悉，一个人在呼吸停止后 2～4 分钟内便会死亡，在这种情况下如果对病人实行人工呼吸，那么就会有起死回生的可能。但人工呼吸操作法的动作必须规范准确，如用力过猛容易造成肋骨骨折，操作法不准确会使救生无望。

④ 坚持：就是千万不要轻易放弃对触电者的抢救。据悉，有一个触电者在经过 7 小时的抢救后奇迹般地生还了。看来，对于触电者的抢救必须坚持到底，直到自主呼吸恢复或结合其他表现证明确实不能挽救为止。因此，触电者只要有 1%的希望我们就应当尽 100%的努力去抢救。

知识衔接

抢救触电者不能乱用药物

在现场急救中充分使用人工呼吸法和胸外按压法，是提高抢救成功率的基本急救方法。实践证明，在触电现场进行急救时，凡注射肾上腺素等药物的抢救案例，触电者均没有抢救成功。所以，在没有必要的诊断设备条件，没有足够的把握时，是不得乱用肾上腺素的。

为什么对触电者不能注射肾上腺素等药物呢？肾上腺素是强心针的主要成分，其作用为刺激心脏收缩，增强心肌和外围血管扩张力，使心率增快和心肌收缩力增高。对垂危病人打强心针，目的在于帮助其心脏恢复收缩能力。而触电者的心脏是室颤的，即心脏处于剧烈收缩状态。如果为触电者打强心针，那么只能加速其心脏收缩，会加速其死亡。

第六章　白色家电及照明安全

1. 空调器易发火灾的原因是什么?

说起空调器使用，有些人认为使用不当大不了就是费点电，要不就是缩短使用寿命，不会引起更严重的后果。其实，空调器使用不当的危害远不止这些，像空调器不当开启和使用从而引发的火灾，就是一个需要引起高度重视的危险信号。那么，空调器易发生火灾的原因是什么呢?

空调器易发火灾的主要原因有以下几个方面。一是产品不合格或者质量不好，如电容器质量不好，容易击穿起火等。二是安装使用不符合要求，有些居民安装电器时只求美观，甚至把空调安装在散热不良的死角，这样就非常容易形成高温现象。如果将空调紧贴住窗帘，那么还会阻挡空调的散热，高温容易烤着窗帘布而引发火灾。三是电器连接不当，往往会因超负荷运行而发生过热着火。如果电源插头接触不良，也有可能因产生电火花而导致火灾。

2. 如何为空调器配置专用线路?

空调属于大功率用电设备，因此是家用电器耗电中的“大户”。在空调引发的火灾事故中，工作电流超出导线的承载能力是一个重要的原因。那么，如何从电源线等方面预防家庭空调火灾呢?

① 选用优质合格的空调产品，防止因质量不合格而引发火灾事故。空调器必须使用专门的电源插座和线路，即每台空调都应当安装单独的电源插座，不要同其他家用电器共用一个万能插座。

② 导线载流量和电度表容量要足够。电源线最好选用铜芯导线，其截面应根据空调器的功率大小（制冷量）合理进行选择，从而增大导线的承载能力，并采用相匹配的电度表。如果电度表容量不够，一定要先行增容，然后才能为空调供电，以免因线路不堪重负而发生火灾。

③ 每台空调器都应当安装单独的保险熔断器，以防止电容器被击穿后引起温度上升而造成火灾。

④ 电源插头要与电器元件紧密接触，不能有任何松动；否则会造成接触不良，有可能损坏空调器。

知识衔接

空调器电源线、开关、插座选择参考值

制冷量/匹	开关最小容量/A	电源线铜芯最小截面积/mm^2	电源插座最小容量/A
1～1.5	10	2.5	10
1.6～2.5	20	4.0	15
2.6～3	25～30	6.0	16～30

3. 安装空调器有哪些讲究？

人们常说，安装空调有“三分质量、七分安装”之说，这充分说明了正确安装的重要性。那么，应当如何正确安装空调器呢？

① 要选择合适的安装位置。安装空调器所用的墙壁或屋顶必须是实心砖或混凝土等强度比较高的安装面。单冷机应安装在阴面，冷暖机应安装在阳面。安装空调器一定要避开家庭天然气或

煤气比较容易泄漏的地方，远离电视机、高频设备、高功率无线电装置，以免互相产生干扰，并且保持良好的通风。

② 空调器室内机要水平安装在平稳、坚固的墙壁上，两端和上方都应留有余地，并保持其进气和出口通畅。注意不要将室外机放在有大风和灰尘的地方，不要靠近热源和易燃气源，不能影响行人行走，并且排出的热空气和发出的噪声不能影响邻居住户。为了保持空气流畅，室外机的前后左右应留有一定的空间。对于冷暖型空调的室外机，应尽量选择不要有西北风吹到的地方。空调器的连接管线不应穿过地面、楼板或屋顶，否则应采取相应的防漏和电器绝缘措施。

③ 关于室内外机的连接，一定要采用优质的连接管。应注意分体壁挂式尽量不要超过 5m，小于 4 匹的分体立柜式尽量不要超过 10m，5 匹左右的分体立柜式尽量不要超过 15m，室外机尽量与室内机高度差低于 5m。

4. 安装空调器电气管线有哪些要求?

能否正确安装空调器的电气管线，直接影响空调器的安全性能。因此在安装空调器时一定要按照说明书规定的程序正确地进行安装，绝不能随意改变各个部件的连接路线。最好让生产厂家在各地的维修中心进行安装，并请专业的电工师傅为空调器安装地线。

① 空调器的安装要有良好的接地。接地线要专用；空调器的室内、室外连接线应无拉伸、扭曲、缠绕现象。延长线要采用符合要求的导线，并在该产品规定的最大连线长度内。空调器的电源线和电气控制线的连接要清晰明了，准确无误，无交叉和缠绕。

② 大于4500W的空调器要选用空气开关。空调要采用专用分支电路，容量要满足大于空调器最大额定电流值的2倍。空调器要有专用电源插座，而且是带安全地线的三线插孔插座。电源线不宜经常移动，以防发生漏电而造成触电或火灾事故。图6-1为空气开关外形图。

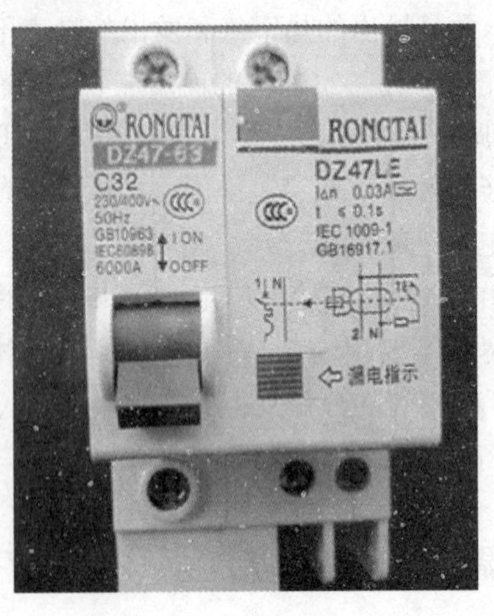

图6-1　空气开关

③ 室内外机连接管道要做到“水管在下，电线在上”，一定不要把它们包扎在一起，以防电线因接头潮湿而引起电气火灾。室内外机管道应当横平竖直，室外机多余管道部分应盘于室外机背后。

5. 防止空调器火灾应注意哪些问题?

① 安装空调器的最佳方向是北面，其次是东面。空调器不要安装在房门的上方，因为开门时会加速热空气的流入。空调器

可对着门安装，这样室内的空气压力可抵抗室外热空气的流入。

② 空调器安装的高度、方向、位置必须有利于空气循环和散热，并注意与窗帘等可燃物保持一定的距离。空调器运行时，应避免与其他物品靠得太近。安装空调不要靠近窗帘、门帘等悬挂物，以免卷入空调而使电机发热起火。

③ 不要把空调器直接安装在可燃物上，也不要放置在可燃的地板或地毯上。安装空调器的场所，如果安装有火灾报警器探头，其空调器的送风口距火灾报警器探头的水平距离不应小于1.5m，否则其设备将会失控。

④ 空调器在断电后瞬间通电，此时压缩机内部气压很大，容易使电动机启动困难，产生大电流引起电路起火。突然停电时应将电源插头拔下，通电后稍等待几分钟再接通电源。在平时，空调器也不宜频繁地开机和关机。

⑤ 不要随意改变室内电线的走向和增加电负荷，这样容易引起火灾。在雷雨天，最好不要使用空调器。在电源电压超过240V 时，应当停用空调器，以确保安全。在电源电压过低的时候，也应当断电停止使用空调器。

⑥ 空调器应定时保养，定时清洗冷凝器、蒸发器、过滤网、换热器，并擦除空调器上的灰尘，以防止散热器发生堵塞，从而避免出现火灾隐患。长时间停运的空调器，在重新启动前应当先进行一次检查保养。在使用空调器的场所或家庭，应当配备两个不小于 2kg 容量的干粉灭火器。

6. 为什么空调器停机后不能马上启动?

空调器在运行过程中，压缩机进气与排气之间存在一定的压力差，停机时压缩机两边的压力差比较大，此时如果立即启动压缩机就有可能过载，严重的还会烧毁压缩机。所以，空调器停机后再启动，必须间隔 3 分钟以上。

据悉，空调器在正常运行时，压缩机的低压压力为 0.4～0.6MPa（表压），而高压压力可达 1.8～2.2MPa（表压）。因此空调器刚停机时，压缩机高低压的压差还很大，这时如果立即启动，就必须有一个较大的启动力矩来克服这个很大的压力差。这样，就会迫使压缩机内电动机的启动电流剧增，使得电动机线圈温度升高。

在正常情况下，电动机线圈温度升高可使压缩机上过载保护器的双金属片受热变形，从而切断压缩机的电流，以保护电动机绕组不被烧毁。但如果过载保护器失灵或烧坏的话，那么就会造成电动机绕组的烧毁。在压缩机停止工作 3 分钟后再启动，因其高低压两侧压力已趋于平衡，所以就不会引起过载而发生故障了。

7. 为什么洗衣机会起火?

有些人对洗衣机起火表现得不以为然，甚至认为以水为工作介质的洗衣机怎么会起火呢？可是，时有发生的洗衣机火灾事故还是向人们敲响了警钟。那么，导致洗衣机起火的主要原因有哪些呢？

① 电气绝缘性能变劣。电机是洗衣机最主要的部件，当电机线圈受潮时，绝缘电阻就会降低，这时就会发生漏电现象。电机线圈一旦发生漏电，轻则会使人们在洗衣服时出现麻手的感觉，重则会使电机线圈冒烟起火。

② 洗衣机超负荷工作。在洗衣机工作时，如果洗涤的衣服太多，就会使洗衣机处于超负荷工作状态。此时，如果波轮被衣服卡住，电机就会停止转动，使得线圈电流急剧增大，这样就会因发热而引起火灾。

③ 电源电压太低或导线接触不良。当电源电压低于 198V 时，电机线圈电流也会增大，有可能导致线圈发热而引起火灾。由于洗衣机内的导线接头比较多，如果有些接头接触不良的话，接触电阻就会增大，这样就容易发生发热打火现象。

④ 电气元件发生故障。例如，电容器因受潮而导致绝缘性能降低，或者由于电容器质量低劣，都会使漏电流逐渐增大，这样电容器就会发生爆燃。定时器是控制电机正反两个方向运转的控制元件，它与程序选择开关配合使用来实现强、弱、中的洗涤功能。如果这两个元件出现故障，如触点烧蚀或簧片压力不够，往往会出现触点冒火现象。

8. 为什么洗衣机要远离热源和易燃物?

安全使用洗衣机，防火是一个重要的方面。做好防火工作，一个重要的前提就是远离火源、热源和易燃物。

① 在使用洗衣机之前，应注意按照使用说明书的要求进行放置和操作。一般来说，放置洗衣机时应选择一个平坦踏实、干燥通风的地方，周围不能堆放易燃物，不要靠近热源，也不要放在阳光直射或可能被雨淋的地方。

② 不要把洗衣机放在厨房内使用，也不要让其靠近沼气池等易燃易爆气体或液体处，可以防止洗衣机发出的微弱电火花引燃上述物体发生爆炸。并且，洗衣机的排水管不应直接与沼气池相连接。

③ 不要将洗衣机放置在地毯上使用，特别是有加热和烘干功能的洗衣机。因为，一旦洗衣机发生短路或者过热的话，就有可能引燃地毯从而引发火灾。

④ 不要在洗衣机中洗涤沾有大量易燃易爆挥发性物质的衣物，以免出现爆炸而引发火灾。沾有大量油类成分的衣物也不要在洗衣机中洗涤，因为水洗并不能完全把油渍清除干净，还有可能引起火灾。

⑤ 不要让洗衣机靠近或接触明火和热源。不要在洗衣机上面和附近点燃蚊香或蜡烛，以免引发火灾。在抽烟或者使用电吹风的时候，也不要操作洗衣机，以防引发火灾。

9. 在使用洗衣机之前应注意哪些安全问题?

洗衣机作为每个家庭必备的家用电器之一，极大地减轻了人们的劳动强度。然而，由于人们在洗衣时与洗衣机密切接触，因此稍有不慎就有可能发生触电事故。那么，在使用洗衣机之前应注意哪些安全问题呢？

① 应注意检查电源的插座容量是否能够满足洗衣机用电要求。一般滚筒式洗衣机的用电容量比较大，在选择电源插座时应当充分考虑到这一点。洗衣机不要与其他电器共用一个插座，以防止洗衣机在工作时因过流而发生危险。

② 应注意先检查洗衣机是否按说明书要求进行安全接地，否则可能发生触电事故。

③ 应注意电源电压不能太低或太高。若电源电压波动超过10%，即低于198V或高于242V时，应停止使用。并经常检查洗衣机电源线的绝缘层是否完好，如有磨破、老化、裂纹等现象应随时更换旧线。

④ 应注意检查洗衣机波轮轴是否漏水。如果漏水，会顺皮带流入电机内部，那么就会造成线路短路，应立即停止使用，并尽快到售后服务站点修理。

⑤ 要经常检查洗衣机的安全状态。例如，洗衣机在有宠物或者害虫经常出没的地方使用，要经常检查洗衣机的安全状态，并且每次使用完都要将电源线拔掉，以免因动物将电源线咬断而导致短路引发火灾。

10. 安全使用洗衣机应注意哪些事项？

① 注意不要将重物压在电源线上，也不允许让洗衣机的支脚挤压电源线，以防止电源线发生破裂而导致触电事故。洗衣机的电源插座不能放在地上，其位置要高于自来水的水龙头，并且要使用防水插座。

② 每次放衣服前应检查衣服口袋，取出指甲刀、钥匙、发卡、硬币等硬物，以防止它们卡住波轮而引发事故。不要把50℃以上的热水直接倒入洗衣机内，以免洗衣桶和防水密封圈发生老化变形。

③ 如发现洗衣机不能启动、运转声音异常、转速明显变慢，以及发生冒烟、漏水、漏电并有焦煳味等现象时，应立即切断电源，排除故障后方可使用。

④ 洗衣机的控制面板及插头部分，应注意保持干燥。如果发生漏电现象，就说明电气部分已经受损，应立即找专业人员进行维修。

⑤ 不要让老人或者未成年人操作洗衣机，以防因误操作而引发伤害和触电事故。在每次使用结束后，应当将电源插头拔下，以免让洗衣机长期处于待机状态。

⑥ 在清洁洗衣机时，必须先将洗衣机的电源插头拔下。严禁直接用水冲洗洗衣机机壳（特别是控制面板），这样容易导致内部电气线路发生故障，甚至有可能发生短路而导致触电事故。

11. 摆放电冰箱为什么要保证通风散热?

在摆放家用电冰箱时，要为电冰箱预留一定的空间，以保证电冰箱的通风散热。只有保证了电冰箱的正常散热，才能提高电冰箱的制冷效率。

所以，在电冰箱的四周应留足必要的散热空间，一般在电冰箱上方要预留 10cm 的距离，两侧分别预留 5～10cm 的距离，后侧也要预留 10cm 的距离，这样才能保证电冰箱散热的需要。

同时，电冰箱还要远离热源，避免太阳光直接照射，也不要与音响、电视、微波炉等其他家用电器放在一起，以防这些电器产生的热量增加电冰箱的工作负担。

12. 初次使用电冰箱应注意什么?

① 先检查电冰箱放置是否符合要求，是否通风干爽，电源和电线规格是否规范，是否远离电视机等强磁场家电。电冰箱应使用具有可靠接地的三孔插座，并且不得与其他电器共用一个插座。没有接地装置的用户还应加装接地线。

② 检查电源电压是否符合要求。电冰箱使用的电源应为 220V、50Hz 的单相交流电源，电压波动允许在 187～242V。如果电压波动很大或忽高忽低，将会影响压缩机的正常工作，甚至会烧毁压缩机。

③ 用湿布把电冰箱内外擦拭一遍，并打开电冰箱门让其自

然风干。电冰箱在存放食物之前，应先空载运行一段时间，等箱内温度降低以后再放入食物。注意初次使用不能存放过多的食物，尽量避免电冰箱长时间满负荷运行。

13. 为什么不能忽视电冰箱的气候类型？

有些消费者可能不大注意，在电冰箱的使用说明书中有 ST、SN 等英文字符。其实，这就是标识电冰箱气候类型的英文缩写。

家用冰箱国际标准规定，根据使用冰箱的气候环境的不同，家用电冰箱可以分为 4 种类型，即亚温带型（SN）、温带类（N）、亚热带型（ST）和热带型（T）。

家用电冰箱适宜的气候类型通常标在背面铭牌上，一般在电冰箱使用说明书的“技术规格”栏目中也写明了气候类型。我国市场上销售的家用电冰箱大多数属于温带型。表 6-1 为家用电冰箱按气候类型的分类表。

表 6-1　家用电冰箱按气候类型的分类

气 候 类 型	代　　号	适宜的使用环境温度
亚温带型	SN	10～32℃
温带型	N	16～32℃
亚热带型	ST	18～38℃
热带型	T	18～43℃

不同气候类型的电冰箱，对使用环境的要求是不同的。在适宜的使用环境温度条件下，电冰箱能够达到设计时的各项性能指标。如果超出了设计时的温度条件，那么轻则会使电冰箱效率下降，耗电量增加；重则会使电冰箱压缩机受损，并因此缩短其使用寿命。了解这一点，对于正确使用电冰箱具有重要的意义。

14. 清洁电冰箱应注意哪些事项?

定期清理电冰箱，不仅可以延长电冰箱的使用寿命，而且可以提高电冰箱的制冷效果。但在清洁电冰箱时一定要注意安全。

在清洁电冰箱前，应先切断电源，并用柔软的干布进行清洁。要注意，在冰箱的表面和里面有很多地方都有涂复层，还有很多塑料零件，因此在清洁时千万不能使用具有腐蚀性的清洁剂，并且切忌使用钢丝球等利器进行擦拭。特别是对于电气部分的清洁，一定要用柔软的干布进行擦拭。

15. 电冰箱长期停用后应如何启动?

电冰箱在长期停用后再次使用时，应注意做 3 次瞬时启动。具体做法是先插上电源然后拔下，过 5 分钟再重复一次，一共进行 3 次方可通电工作。

原来，由于电冰箱长期停用使得压缩机内的润滑油沉底发黏，并且机内的各个工作部件也都处于干涸状态。此时若立即开机使用，那么压缩机的活塞将在无润滑状态下工作，因此会影响压缩机的使用寿命。

16. 电冰箱在正常停电时需做哪些应急准备?

① 对于正常停电，可提前在冷冻室制取适量的冰块，并将其装入塑料袋中。停电后及时把装有冰块的塑料袋放在冷藏室的最上格，依靠这些冰块为冷藏室降温，这样可保持箱内较长时间的低温状态。注意尽量不要打开电冰箱门，以保持箱内的低温状态。

② 在临停电之前把电冰箱内的食品尽量往上层排放，以尽量靠近蒸发器。如果停电时间比较长，可在停电前把电冰箱的温控器旋钮旋到“强冷”挡位上，从而让冷冻室内的温度降至－18℃以下，冷藏室上层的温度达到0℃左右。

③ 为了把好食物安全关，避免发生胃肠道疾病，应当做好停电的应急准备。例如，在电冰箱内放置一支温度计，以测量断电后电冰箱内的温度情况，看其是否满足食品的保存温度要求。在恢复供电之后，应及时检查电冰箱内温度计的温度，并检查电冰箱内食品的保存状况，如发现有腐烂迹象就应禁止食用。

④ 经过长时间停电之后，应当及时对电冰箱内外进行彻底的消毒清洗，以防发生饮食安全事故。

17. 为什么瞬间停电对电冰箱危害极大？

目前，电动压缩机均采用轻负载启动方式。电网的瞬间停电，对电冰箱的危害极大，甚至还有可能烧毁电冰箱。

家用电冰箱的制冷循环，主要是依靠电动机的间歇运转实现的。电冰箱主要由电动压缩机、冷凝器和蒸发器3部分组成，如图6-2所示。电动压缩机把氟利昂蒸气压入电冰箱外面的冷凝器管里，这时蒸气变成液态氟利昂，放出的热被周围的空气带走。冷凝器里的液态氟利昂，经过一段很细的毛细管缓慢地进入电冰箱内冷冻室壁的蒸发器管里，在这里迅速汽化吸热，使电冰箱内的温度降低。

一般来说，高压氟利昂自动降压需要3～5分钟的时间。在每次启动电动机时，汽化后的氟利昂属于轻负载，所以十分容易启动。如果突然遭遇电网的瞬间停电，即突然停电后又马上来电，由于高压氟利昂还没有来得及自动降压，电动机又要进行启动。

因此，电动机面对的是高压氟利昂的重负载，自然启动将变得十分困难，甚至不能启动。此时，通过电动机的启动电流将达到正常值的 10 倍左右，非常容易发生电动机烧毁事故。

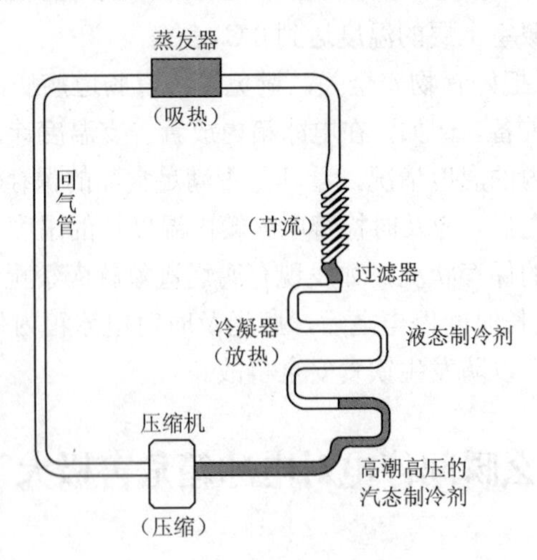

图 6-2　电冰箱的组成部分

根据上述的分析，在压缩机的运转中也不要拔掉电源插头然后紧接着又插上，因为这样的操作也有可能烧毁电动机。

知识衔接

电冰箱瞬间断电保护器

要消除瞬间停电对电冰箱电动机的危害，可以采用加装电冰箱瞬间断电保护器的办法。断电保护器使用 220V 交流电源，输出端接在电冰箱的插头上。在发生瞬间停电时，该断电保护器可自动将断电延长 5～8 分钟，从而可以保护电冰箱免受损坏。

18. 使用灯具应注意哪些安全问题?

照明灯具与人体接触的概率比较高，因此照明灯具的安全性能至关重要。为了保证电气照明的安全，照明灯具上的所有带电部分必须采用绝缘材料加以隔离，我们把照明灯具的这种保护人身安全的措施称为防触电保护。

防触电保护是评价灯具安全特性的重要指标。根据防触电保护方式的不同，照明灯具可以分为 0、I、II 和 III 共 4 类，见表 6-2 所示。

表 6-2　照明灯具保护等级分类

保护等级	灯具的主要性能	应用说明
0 类	依靠基本绝缘作为防触电保护，一旦基本绝缘失效，就只好依靠环境	适用于安全程度高的场合，且灯具安装、维护方便，如空气干燥、尘埃少、木地板等条件下的吊灯、吸顶灯等
I 类	除基本绝缘外，易触及的部分及外壳有接地装置，一旦基本绝缘失效，不致于有危险	用于金属外壳灯具，如投光灯、路灯、庭院灯等，提高安全程度
II 类	除基本绝缘外，还有补充绝缘，做成双重绝缘或加强绝缘，提高安全性	绝缘性好，安全程度高，适用于环境差的条件下人经常触摸的灯具，如台灯、手提灯等
III 类	采用特低安全电压（交流有效值<50V），且灯内不会产生高于此值的电压	灯具安全程度高，用于恶劣环境，如机床工作灯、儿童用灯

科学使用照明灯具，对防止电气安全事故的发生具有重要的意义。一般来说，在安装和使用灯具时，应当注意以下几点。

① 选购灯具必须满足防触电等级要求，根据使用场所的不同，合理选用防触电保护为 I 类、II 类或III类的灯具。

② 安装灯具必须进行可靠的固定，以防止灯具的坠落。超过 0.5kg 重量的吊灯不允许采用导线直接吊装，大于 3kg 的吊灯应预埋金属吊钩或螺栓安装在顶板上。

③ 要按照国家有关规范要求，做好灯具配电系统的接地保护。对于安装在室外的灯具，还应当做好防雷保护。

④ 对于距离地面 2.5m 以下的照明灯具和设备，应当借助于工具开启。这样可以防止人们在随意打开时出现触电事故。

⑤ 灯具的表面温度不能太高，以防止发生烫伤事故。埋地灯等可触及的照明设备，其表面温度高于 60℃时应采取隔离保护措施。

知识衔接

灯具和开关安装高度的确定

室内吊灯离地面距离不应低于 2m，潮湿、危险场所应不低于 2.5m。室外安装的灯具，距地面的高度不宜小于 3m。拉线开关距地面的高度一般为 2～3m，距门口 15～20cm，并且拉线的出口应向下；扳把开关距地面的高度为 1.4m，距门口为 15～20cm，开关不得置于单扇门后。

19. 为什么节能灯对电压要求很严格?

节能灯对工作电压有着严格的要求。节能灯适用的工作电压是 220V/50Hz，电源电压的变化不宜超过±5%。如果电压过高或者过低，那么将直接影响节能灯的光效和寿命。例如，当电压过低时会使节能灯启动困难，严重时还会烧毁节能灯；而当电压过高时又会使节能灯的消耗功率增大，进而使节能灯的工作温度升高，其后果是使元器件过热而损坏。

由于节能灯与白炽灯具有不同的工作原理，因此不能简单地把节能灯直接用于白炽灯的调光系统之中。在选购和使用时，要认真阅读节能灯的使用说明书，看是否具有调光功能，然后按说明书进行相应的操作。在安装节能灯时，还要注意节能灯的重量是否超过了灯座的负荷，以及节能灯与灯罩或灯饰的尺寸是否相吻合。

20. 为什么节能灯不适合在室外使用?

原来，节能灯内部的电子线路十分精细，即使微量的水或水蒸气都有可能引起内部电路的短路。所以，节能灯不宜在有水或潮湿的环境中使用。

由于装在室外的节能灯很容易受到水蒸气的侵袭，所以会导致节能灯内部短路而发生损坏。同时，节能灯如果长期在潮湿的环境下工作，在灯的周围和内部就会聚集大量的水滴或水蒸气，不仅会引起灯头的生锈而出现接触不良，而且会引起内部元器件及线路板的损坏，甚至还会引起漏电等安全问题，因此必须引起高度重视。

节能灯也不宜在有化学腐蚀气体或液体存在的场合使用。原来，化学腐蚀性气体或液体会对节能灯构成严重的威胁，像灯头、导丝及一些元器件都有可能发生严重氧化，最终影响节能灯的正常使用和使用寿命。

21. 照明灯具防火应注意哪些问题?

① 根据场所、环境和使用要求合理选择灯具。在有爆炸或火灾危险的场所，应选择防爆、隔爆或安全密封型的灯具；在有

腐蚀性气体及特别潮湿的场所，应选用密封型或防潮型的灯具；对于户外照明，可采用密封型灯具或有防火灯座的开启型灯具；对于可燃吊顶上安装的灯具，要求功率不宜太大，并应以白炽灯或荧光灯为主。

② 正确安装和使用照明灯具。在安装照明灯具时，一般灯具与可燃物之间的距离不应小于50cm，与地面高度不应低于2m。灯具的防护罩必须完好无损，严禁用纸、布或其他可燃物遮挡灯具。并且，在灯泡的下方不能堆放可燃物品。对于暗装灯具及其发热附件，还应注意保持良好的通风散热条件。

③ 根据照明灯具实际情况严格执行用电规范。在选用导线时要注意其绝缘强度和截面规格，应选择大于额定电流 1.5～2 倍的导线横截面。一般在一个照明分支回路内安装的灯具数不应超过 20 个，并且在每个照明分支回路中，都要设置短路保护设施。在选用熔丝时，一定要选择符合规格的安全熔丝，绝对不能用铁、铝、铜线等代替。

22. 挑选灯具应查看哪些标记？

① 查看产品标记。在购买灯具时应先检查灯具的外观质量，以及制造商名称、商标、型号等信息是否齐全。在木质材料上安装吸顶灯、壁灯、台灯和落地灯等，应选择带有 F 符号标记的灯具，因为 F 为灯具采用阻燃隔热措施的标记。

② 查看安全标记。在购买灯具时应查看灯具是否有 3C 认证标识，检查灯具的防触电保护措施，应检查是否能保证人手触摸不到灯具的带电部件，还要看灯具上导线外的绝缘层是否印有标记，以及灯具接线经过的金属管出入口应无锐边，以免割破导线引起触电危险。

知识衔接

灯具保养知识

一般情况下，影响灯具安全的外在因素包括水蒸气、油污、灰尘等。在使用中应加强对灯具的保养，这样才能提高其安全可靠性能和延长其使用寿命。

灯具保养的关键就是防潮防水，以防发生锈蚀损坏或漏电短路现象。安装在厕所、浴室的灯具必须装有防潮灯罩，并定期更换老化的光源。安装在厨房的灯具应当特别注意防油烟积聚，并及时清理油污。清洁灯具时不要随意改变灯具的结构，以防发生线路的错接。注意在擦拭灯具（尤其是光源、管线部分）时千万不可用湿抹布，以防发生触电事故。

23. 如何延长节能灯的使用寿命？

影响节能灯使用寿命的因素很多，但主要由灯管寿命和电子镇流器寿命两个部分组成。从使用的角度讲，延长节能灯使用寿命可以采取如下方法。

① 尽量不要频繁地开关节能灯，因为节能灯在启动的瞬间，启动电流要大大高于工作电流，由于电极过热而加速电子发射物质蒸发，使得节能灯寿命缩短。据悉，每开关一次节能灯对灯管的影响相当于点亮3～6小时，所以要尽量减少节能灯的开关次数。

② 要尽量避免节能灯在高温下工作，一般超过55℃将大大降低其使用寿命。因此，在使用时应注意让节能灯在比较适宜的温度范围之内工作。例如，节能灯不宜安装在传统的筒灯灯具里面，因为这些灯具容积比较小，散热性能比较差，容易导致灯头的塑料发黄或损坏。

③ 做好灯具的正常维护和清洁，这对于保持灯具的正常工作，延长灯具的使用寿命都具有重要的意义。

知识衔接

节能灯的使用寿命

在照明技术上，通常把节能灯的使用寿命分为全寿命、有效寿命和平均寿命。

① 全寿命是指光源从开始点亮到其不能再工作时为止的全部点亮时间。

② 有效寿命是指光源的光通量下降到初始值的70%时的总共点亮时间。

③ 平均寿命是指每批抽样试品有效寿命的平均值，即一批实验灯在额定电源电压和实验室条件下点亮，且每启动一次至少点亮10小时，至少有50%的实验灯能继续点亮时累计点燃的时间。国家标准要求节能灯的寿命应能达到5000小时以上，实际上是指一批灯的平均寿命。

第七章　黑色家电及厨卫电器安全

1. 使用电视机如何防触电？

在使用电视机时，一定要注意防止触电事故。

① 电视机在使用过程中，不可用湿布接触荧光屏，以免发生触电事故和显像管爆炸。不宜频繁地进行开关或选择频道，并且亮度和色度在调整好之后也不宜经常变动。因为这样会加速其老化，影响其使用寿命。

② 电视机在使用过程中，切不可带电打开电视机盖板进行检查或清扫灰尘，以防止发生电视机内高压触电。

③ 在雷雨天气时，最好把电源插头及天线（或有线）插头拔掉，最大限度地避免雷电的危害，以保证电视机的安全使用。

④ 当电视机出现异味、冒烟、打火，或者光栅异常时，应立即关机并及时送专业维修部门进行修理，以防发生安全事故。

⑤ 在一些湿度比较大的地区或梅雨季节，要坚持每天开机以防电视受潮及内部元件损坏。

2. 使用电视机应如何防爆炸起火？

电视机是一种大众消费家用电器，几乎每个家庭都有配置。为了防止爆炸起火事故的发生，一定要注意以下几个方面。

① 电视机要摆放在一个固定的地方，不要经常地搬动，并做好防震、防潮、防尘工作。避免金属异物或液体掉入电视机内。

② 摆放电视机要注意远离热源和易燃易爆物品，以防止发

生爆炸和火灾事故。也不要将电视机放置在潮湿的环境中，以防止发生电气打火现象。

③ 不要让电视机长时间地工作，也不要在电视机上面覆盖其他物品以影响散热。

④ 在雷雨天气应关闭电视机，并拔掉电源和有线电视插头，以防止电视机爆炸起火。

⑤ 长时间不看电视时，最好拔掉电源插头和有线电视插头，而不要使用遥控待机。关机后一定不要立即罩上防尘罩，影响电视机的散热，从而对电视机产生不良影响。

3. 如何认识微波炉辐射的安全性?

“辐射”一直是一个让人们惶恐不安的词汇，那么，我们应当如何认识微波炉辐射的安全性呢？

笼统地说，微波辐射对人体是存在一定危害的。但是，微波炉辐射一般不会对人体产生危害。家用微波炉微波的频率是2450MHz，这种微波不能透入人体而伤害内部的器官和组织，只会使皮肤和体表组织发热而已。因此，只要不是持续长时间的辐射，一般不会对健康构成危害。

微波炉在工作中也会出现辐射泄漏，但辐射泄漏的剂量很低。国际标准严格规定微波炉微波泄露量不得大于5mW/cm^2，而我国微波炉辐射泄露的标准为不大于1mW/cm^2,比国际标准还要严格得多。

研究发现，从微波炉中泄露出来的微波在空间进行传播时，其衰减程度与到微波炉距离的平方大致成反比关系。假如在微波炉炉门处微波泄露为10mW/cm^{2}的话，那么在1m以外的空间微波炉辐射泄漏强度就只有0.001mW/cm^{2}了。

为了做到万无一失，人们不要长时间待在微波炉前进行工

作。在开启微波炉之后，人们应当远离微波炉，或者与微波炉保持 1m 以上的距离。

4. 摆放微波炉有哪些讲究?

微波炉的摆放很有讲究，如果摆放不当往往会影响其使用性能，甚至引起电气火灾事故。那么，摆放微波炉应注意哪些事项呢？

① 微波炉应摆放在结实和平整的平面上，并保证具有良好的通风条件。因为通风不好会导致机体内过热，从而有可能引起其内部部件的损坏。同时，机体内过热还会降低食物的烹调效果，从而增加电能消耗。

② 不要把微波炉安装在潮湿或太阳直射的地方。因为在太阳直射或潮湿的地方摆放微波炉，很容易引起微波炉内部器件的老化和损坏，并有可能因内部短路而引起火灾事故。同时，微波炉使用环境的温度应在 40℃以下，否则会影响机体的散热，并有可能导致电子部件的损坏。

③ 让微波炉的散热孔与墙面保持一定的距离。微波炉的散热孔是机体内电子器件散热的主要通道，应与墙面或者柜面等遮挡物保持 10cm 以上的距离，炉顶最少要留有 15cm 的散热空间。

④ 应避免微波炉与其他电器靠得太近，并且不要和其他电器共用一个电源插座。因为在微波炉启动时可能会影响其他电器的工作，如微波炉在工作时会干扰电视图像和产生噪声。同时，其他电器的启动也会影响微波炉的工作。

5. 使用微波炉应注意哪些安全事项?

微波炉作为人们烹饪煮食的好帮手，极大地方便了人们的饮食生活。但不当使用微波炉也会带来安全方面的隐患，所以我们应当注意如下问题。

① 微波炉应使用独立的专用插座，额定电流应在10A以上，并且电源插座必须有可靠的安全接地。以防发生触电事故。

② 在不用微波炉的时候应及时拔掉插头，以防发生待机能耗，甚至还会导致电子和机械元器件的损坏。在雷雨天，待机时发生机体损坏的概率会加大。

③ 不得空腔使用微波炉，以防造成微波炉损坏。微波炉内未放烹饪食品，如果通电工作，则有可能会损坏磁控管。为防止因疏忽而造成空载运行，可在炉腔内置一个盛水的玻璃杯。

④ 食品烹调完毕后，在打开容器盖子或撕开保鲜膜时，一定要注意，以防被高温蒸汽烫伤。在烧烤烹调时，注意不要触摸门屏及外壳上部，以防发生烫伤事故。在烧烤烹调刚结束时，不能立即使用微波烹调，应待炉腔充分冷却后方可使用。

⑤ 不要用微波炉烹饪油炸食品。对于油炸食品来说，一般要求缓慢地进行加热。而光波和微波加热具有速度快的特点，因此用微波炉烹饪油炸食品容易发生危险。如果在微波炉烹饪油炸食品时不慎引起炉内起火，那么千万不要开门，以防发生烧伤事故。正确的方法是，首先关闭电源，待火熄灭后再开门降温。

⑥ 禁止对炉门的反方向用力过大，以防炉门变形而导致微波泄漏。应定期检查微波炉炉门的四周和门锁，如有损坏或闭合不良者应停止使用，以防发生微波泄漏。不宜把脸贴在微波炉观察窗上进行观察，以防眼睛因微波辐射而受到损伤。也不要使用金属棒探入炉腔前部的联锁开关孔，以防发生危险。除专业维修人员外，任何人不得拆卸微波炉。

6. 为什么微波炉加热液体要防烫伤?

有人习惯把瓶装水倒在杯子里，放入微波炉内进行加热后沏茶。其实这种做法是非常危险的。加热后的水在杯子里看不出有气泡出现，但当把茶叶放入其中后，杯子里的水就会突然沸腾起来，甚至还会把杯子“炸裂”而出现烫伤事故。

那么，为什么杯子里的水会突然沸腾起来呢？原来，微波炉加热有一个特点，那就是容器本身并不发热，因此杯子中的水不会发生循环流动。即使杯子中部分水的温度已经超过了沸点，但杯子里的水也不出现翻滚沸腾现象。人们把这部分温度超过沸点的水叫作“过热水”。

在微波炉中之所以会出现“过热水”，是因为在水中缺乏形成气泡的成核中心（凝结核）。在用水壶烧水时，由于存在从壶底升起的热水搅动，并且水壶的内表面非常粗糙，使得一些水由液态变成了气态。随着气泡的大量形成和上升，就出现了正常的沸腾现象，标志着水温已达到了沸点。而在微波炉中的“过热水”，由于没有凝结核而不会产生气泡，因此人们也无法知道水是否被烧开。如果继续加热，水就有可能被烧得越来越热。

懂得了上述道理，就应当采取有效的措施防范烫伤事故的发生。用微波炉加热任何液体，在加热后都必须让它在炉内静置至少一分钟，然后再开门取出。从微波炉取出盛有“过热水”的容器，应放在桌子上静置一会儿，以免因水突然沸腾而造成烫伤。

7. 为什么微波加热不能使用封闭容器?

不宜用微波炉加热密封的罐装或袋装食物，因为食物在封闭容器内加热产生的热量不容易散发，从而使容器内的压力变大，易引起爆炸事故。一般来说，选择浅而圆的直边容器盛装食物，加热较快且比较均匀。

在加热液体食物时，应尽量使用广口容器，不要选用瓶颈窄小的瓶状容器。对于瓶装婴儿食物，则不宜放在微波炉内加热，以免发生瓶子破裂。即便是开盖的瓶装食物，也不宜放在微波炉内加热，因液体在加热时发生膨胀也会引发爆炸。

所以，用户最好选择浅底、宽口、直边、圆形的容器加热食物。

8. 为什么在微波炉中加热鸡蛋要防“爆炸”？

在利用微波炉煮鸡蛋时，鸡蛋变“炸弹”的案例并不鲜见。某女士在食用用微波炉加热的茶叶蛋时，茶叶蛋居然在口中“爆炸”了，造成嘴唇烫伤。那么，用微波炉加热的鸡蛋为什么会“爆炸”呢？

原来，我们习以为常的煮鸡蛋方式为水煮，这种水煮鸡蛋的方式是从外到里进行加热的，因此在鸡蛋内部不会产生大量的气体，鸡蛋内外的压强就是平衡的。而在微波炉里煮鸡蛋，情况就大为不同了。微波加热鸡蛋是内外同时加热的，尤其是微波很容易穿透到鸡蛋内部，从而在内部产生更多的热量。这样就会使鸡蛋内部的水分在瞬间变成水蒸气，由于蛋壳的限制而又无法散逸，使得在鸡蛋内部滞留了大量的高温高压气体。一旦人们剖开蛋壳及其内膜，就有可能引起鸡蛋“爆炸”。所以，在微波炉中加热鸡蛋是存在很大风险的。

知识衔接

微波加热带壳食物有讲究

从上述鸡蛋变“炸弹”的案例中，我们能得到哪些启示呢？带壳食物与鸡蛋具有类似的结构，在微波炉中煎煮带壳食物时应当做到防患于未然。例如，在利用微波炉煎煮带壳食物时，应事先用针或筷子将食物外壳刺破，以免在加热时引起爆裂而伤人。

在加热香肠、鸡肝、蛋黄、鲜鱼、带眼睛的家禽等食物时，应戳破食物的外皮（或眼睛），以防发生“爆炸”。以鱼为例，可先在鱼身上划上两三刀，以防止鱼身在加热过程中因水分大量蒸发而胀裂。对于整体带有紧皮的果蔬食物（如番茄、土豆、瓜类等），也应在加热前戳破果蔬外皮，以利疏气而避免发生“爆炸”。对于那些用保鲜膜密封的食品，如果加热时间比较长（超过30秒），最好剪去一个小角作为出气孔。

9. 清洗保养微波炉应注意哪些事项?

① 微波炉在清洗、维护、保养时一定要先断开电源开关，并拔下电源插头。即便在已切断电源的情况下也不能大意，因为微波炉的高压回路中的整流电路的高压电容曾经充了电，里面仍蓄有高压电，不慎触摸到它仍有被高压电电击的危险。所以保养时一定要小心谨慎。

② 发现微波炉异常或出现故障时，需请专业人士进行维修，不要自行拆卸和检修微波炉，也不要继续使用，以防发生微波炉损坏及人身危险。

③ 对于污垢沉积严重的微波炉来说，应用微波炉专用容器

装好水，以静止不回转的方式加热几分钟，先让蒸发的水分湿润一下炉内的污渍，然后取出水再进行清洁。对于炉内的污垢，可先用湿纸将其擦掉，然后用中性洗涤剂或者中性肥皂水把油污完全洗净。注意，一定要用温水多擦洗几次微波炉，不要让清洁剂残留在炉内，以防在加热食物时沾染上残留的清洁剂。

④ 在擦洗微波炉时要使用软布和温水，不要使用金属刷进行清洗。微波炉的门封要经常保持洁净，并定期检查门封的光洁情况，注意不要让杂质存积其中，否则日后难以彻底清洗干净。对于微波炉的内表面、炉门的前后及炉门开口处，应使用软布和温水清洁，切勿使用金属刷清洗，以免发生划伤。对于微波炉工作时炉门四周出现的水滴等，一般为正常现象，用软布及时擦干即可。

⑤ 在擦洗微波炉的底部时，应该取下转盘及其支架。在清洗玻璃转盘和轴环时，如果玻璃转盘和轴环温度较高，那么需冷却后再行处理。当转盘和轴环清洗完毕后，一定要按原样进行复位。对于经过专门设计的微波炉，一定要把转盘放在正确位置后方可操作。注意，在取下转盘进行清洁时，千万不要操作微波炉。

知识衔接

微波炉除味小窍门

经常使用微波炉烹饪多种食物，难免会在微波炉里残留之前食物的味道。尤其是在加热过鱼虾等肉类食物之后，微波炉里残留的异味更是让人难以接受。那么，应当如何驱除微波炉内的异味呢？

① 将橘皮上的蜡层洗净后，放进微波炉中加热15～30秒，具有驱除微波炉内异味的作用。

② 把柠檬水和醋放入容器内，在微波炉中加热 3～4 分钟，或用干净的抹布蘸一些醋或柠檬水，清洁微波炉的内壁，也具有驱除微波炉异味的作用。

③ 利用咖啡渣和茶叶也可以驱除微波炉内的异味，方法是把它们装进小布袋里，然后放进微波炉内，这样一两天后就可以见效了。

10. 为什么使用电热水器要注意用电环境?

随着电热水器的普及，安全使用已成为大家共同关注的问题。据报道，某用户在使用储水式电热水器洗浴时，不慎受电击死亡。有关部门调查后发现，事故原因并不是电热水器产品本身存在质量问题。

现在很多地方存在用电环境不规范的情况，尤其是大量存在的旧楼宇、自建房和出租屋，用电环境安全相对薄弱，无地线和接地不可靠已成为常见的安全隐患。所以，一定要注意检查家庭的用电环境是否安全，并在使用电热水器时注意以下几点。

① 使用电热水器时，要求电源电压必须符合要求，电热水器使用的电源线必须符合额定电流值要求。家庭的室内布线必须有可靠的接地，并且接地电阻值要小于 4Ω。

② 为电热水器配备的电源插座，必须为带地线的固定专用插座，不得使用移动式电源接线板。要求电热水器使用防水插座，因此要检查插座型号是否匹配和是否防水。

③ 电源插座应位于电热水器电源线的长度范围之内，并且设置在便于插拔的地方，以便于在紧急情况下能够及时切断电源。严禁电源线在中间连接，也不得使用截断加长线及多口配线器，以消除安全隐患。如果电源线发生损坏，应当使用厂家提供

的专用电源线，并由专业维修人员进行更换。

11. 安装电热水器应注意哪些事项?

电热水器应由专业的技术人员进行安装。在安装时，应当根据说明书规定的安装方法，并结合自己的使用环境进行安装，图 7-1 所示为电热水器的安装图。

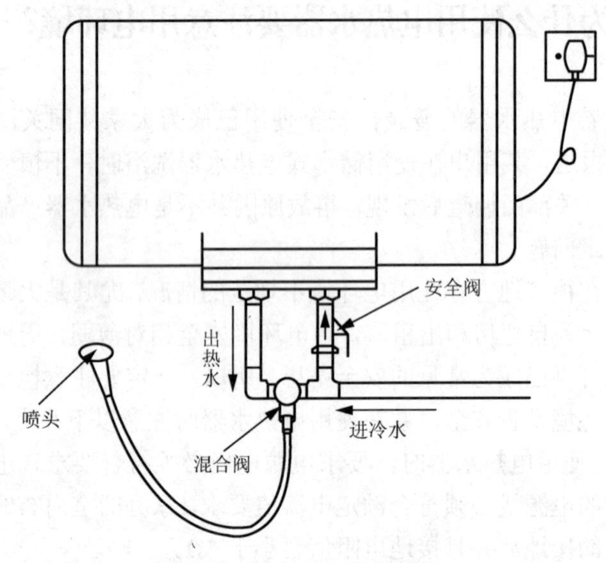

图 7-1　电热水器安装形式

① 电热水器应安装在温度超过 0℃的室内，管路应尽量集中布置。热水出口离热水使用处不宜太远。如果距离超过 8m，就应当对热水管进行保温处理，以减少热量的损失。

② 悬挂安装电热水器，墙体必须为承重墙。

③ 电热水器安装的喷头要避开电源的插头，以避免在使用过程中水喷到电源的插座上。插座的高度以 1.5～1.8m 为宜。

④ 从自来水管到电热水器连接的进水管上必须加装阀门，以方便在电热水器维护时及时切断水源。严禁在进水口和出水口同时安装阀门。

⑤ 电热水器的泄压阀，应按指定位置进行安装，严禁私自改动其安装位置。泄压阀的导水管应保持向下倾斜安装，并接至地漏，严禁堵塞出口。

12. 使用电热水器通常采用哪些安全保护措施?

一般使用电热水器通常采用如下安全保护措施。

① 干烧保护。储水式电热水器必须在有水状态下才能使用，否则会出现无水干烧的情况，从而有可能烧毁电热水器。在电热水器上增加干烧保护措施，即在靠近电热管发热部分设置一个测温点，当检测到该点温度过高或温度上升速率过快时，即可判定为无水干烧，此时就应当快速切断电源，以保证电热水器的安全。

② 超压保护。储水式电热水器在使用过程中是在封闭状态下进行加热的，在加热过程中由于水的受热膨胀导致内胆压力的升高。如果不能对内胆压力进行限制，就有可能发生内胆爆裂。在电热水器上加装一个泄压装置，可以在内胆压力过高时自动泄压，则可以避免出现爆炸的危险。

③ 水电分离。因电热水器是用电热管浸泡在水中进行加热的，因此容易出现漏电危险。现在市场上比较流行的做法是，在加热丝与电热管外壁之间填充绝缘性能和导热性能都非常良好的氧化镁粉，以保证加热丝与电热管外壁的绝缘，并且电热管外壁还采用了耐高温、耐腐蚀的材料，可以防止因使用环境恶劣而发生爆裂。

④ 防倒流保护。该项保护措施可以采用两种方式，一种是采用单向止回阀，另一种是倒“U”形防倒流装置。单向止回阀装在进水口，采用一个活塞控制水的进出，当有水进入时活塞打开，当自来水停水时该活塞因失去进水的压力，在内胆中的水压作用下关闭阀门，从而防止水倒流。倒“U”形防倒流装置是将进水管部分制作成倒“U”形，其顶部与内胆顶部平齐，这样在停水时“U”形管内形成不了压力差，内胆里的水也就不会形成倒流。

⑤ 接地保护。电热水器内胆、进出水管、外壳一般是用金属制成的，而自来水也是导电的。在电热水器发生漏电时，金属部件也全部会带上电，因此上述金属部件必须全部采用可靠接地，并且接触电阻必须小于 0.1Ω。

13. 为什么即热式电热水器不能使用普通插座?

即热式电热水器对插座的要求极其严格，这是由即热式电热水器的大功率特征决定的。即热式电热水器的功率大都在 6kW 以上，最高的可达 18kW，因此额定电流很大，一般插座难以满足其要求。图 7-2 所示为即热式电热水器必须使用大功率专用插座连接图。

以 6kW 的产品为例，额定电流高达 36A 左右，而家用普通插座通常在 15A 以下。如果实际电流大于插座的额定电流，就会把插座烧毁，甚至引发安全方面的事故。所以，家庭安装即热式电热水器产品，不能使用普通插座进行连接。可以请专业技术人员根据即热式电热水器的功率大小，通过额定电流计算后再选择插座进行安装。

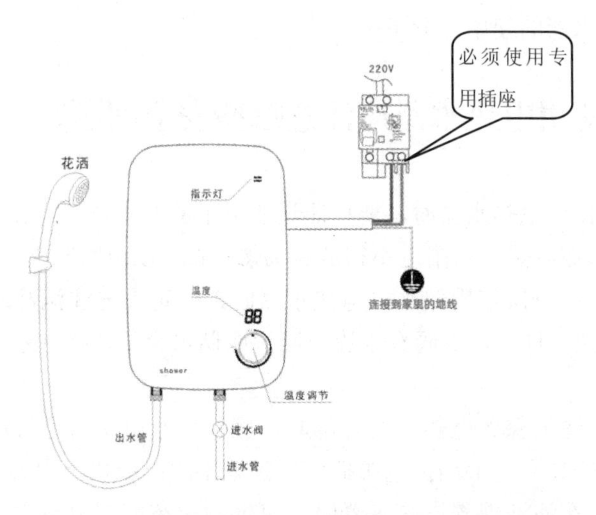

图 7-2　即热式电热水器必须使用大功率专用插座

14. 什么是电热水器的防倒流技术?

目前，所有的电热水器都采用了防倒流技术，其目的就是防止电热水器因外部停水而造成的电棒干烧。因此，防倒流技术是确保电热水器安全的一项重要措施。

电热水器在使用过程中进水管与自来水管相连通，如果没有采取防倒流技术，在断水的情况下内胆中的水就会随着冷水管倒流，从而容易造成内胆因负压而损坏。如果用户在不知情的情况下让电热水器加热，就会造成电热水器干烧。

所以，电热水器必须配置防倒流技术装置，以确保电热水器的安全使用。目前大多数厂家采用的防倒流技术，主要是由安全阀和单向阀实现的。例如，选用带止回功能的安全阀就可以实现防倒流功能，但该技术也存在一定的安全隐患。例如，安全阀的内泄功能常会因水垢堵塞而失效，从而使内胆的工作压力增高，使电热水器的使用寿命下降。

15. 使用电热水器应注意哪些安全问题？

在使用电热水器时，要按照说明书上的要求进行操作。

① 在电热水器附近不得放置易燃物品，以防引发火灾事故。

② 在首次使用储水式电热水器时，一定要先注满冷水后再通电加热。打开热水阀有水流出则说明储水合适，此时才可以通电加热。

③ 清洁保养电热水器外部时，应先切断电源再进行清洁和保养。严禁用湿手插拔电源插头，长期不用时应拔下电源插头。

④ 在清洁保养电热水器时，可使用软布擦拭电热水器的外部，不要采用水喷淋的方式进行冲洗。清洁或维修后第一次使用时，必须先将电热水器注满冷水，然后才能接通电源。

⑤ 不得自行调整安全阀的泄压压力。如果要在安全阀的泄压口接排泄管，排泄管口必须朝下，并保持与大气相通。

⑥ 在有冰冻期的地区使用电热水器，要保证热水器中的水具有一定的温度，以防其结冰而损坏电热水器。在冬天，若长期不用电热水器，应将内胆里的水排空，以免发生结冰而损坏内胆，注意在排空前务必切断电源。

⑦ 电热水器的使用年限不应超过 6 年，如超过年限还继续使用，就会存在安全隐患，需要及时更换。

知识衔接

电热水器使用小技巧

① 使用储水式电热水器要求自来水处于常开状态，保证水箱经常有水。如果水压或电压过低，应暂停使用。

② 使用电热水器时，当打开水阀而没有出水时，要立即断开电源，防止因故障使电热水器在无流动水的情况下工作而损坏。

③ 自来水阀门最好使用扳手式阀门，不使用带手轮的阀门，以防因误关水阀而导致水箱缺水，从而烧毁电热丝。

④ 使用电热水器，要避免因进水口太小而致出水口温度过高，以防损坏电热水器。在使用电热水器时，为了防止发生烫伤事故，可以先开冷水阀再开热水阀；而在关闭时，应先关热水阀再关冷水阀。

16. 如何判断电热水器已注满水？

对于储水式电热水器来说，在首次使用或长期未用而再次使用前必须先确定是否已注满水，然后才可以通电加热，以防因干烧而损坏电热水器。那么，应如何判断电热水器是否注满水呢？

判断的方法为：把电热水器的管路按规定正确连接之后，首先打开出水阀门；如果使用随机附带的混合阀，则把混合阀打开并旋转到最左边（红色），即表示完全出热水的状态；使热水器的内胆保持和大气相通，打开进水阀门，水就开始进入内胆；等到出水管有大量水流出时，就表示内胆里的水已经注满。此时，就可以关闭出水阀门，然后通电加热了。因为有安全阀的关系，内胆注水速度比较慢。

17. 如何排空电热水器内的水？

电热水器在长期不使用的情况下，应将内胆中的水排空。特别是寒冷的北方地区，在冬天如果长期不使用最好将内胆中的水排净，以防内胆受损。那么，如何排空电热水器内的水呢？

首先拔掉电源插头，再关闭自来水的进水阀门，然后将电热水器的混合阀调到热水区并打开至最大，再将安全阀手柄向上扳至水平位置，此时电热水器内胆中的水便可以通过安全阀的泄压口流出。

由于热水出水口一般要低于安全阀，因此在重力作用下安全阀往往无法出水。解决的办法为，向热水出水口吹一口气，将热水管里的水吹掉，由于热水管里的水没有了重力的作用，安全阀就可以出水了。

18. 为什么储水式电热水器需定期更换镁棒？

“镁棒”的全称为镁阳极棒，在储水式电热水器中具有阻隔水碱、水垢侵蚀内胆的作用。镁棒是有一定的使用寿命的，一旦消耗完毕就会导致内胆结垢，而内胆结垢腐蚀则存在极大的安全隐患。所以，对于储水式电热水器来说，镁棒是一个不容忽视的部件，需要定期进行更换。

一般在储水式电热水器的产品使用说明书上，会提醒消费者要定期检查和更换镁棒。储水式电热水器所采用镁棒的使用期限一般为 2～3 年，而有些质量低劣的电热水器的镁棒使用不到半年就会消耗殆尽。对于优质品牌电热水器，应在使用两年左右时主动联系售后服务部门更换镁棒，以确保电热水器的使用安全。

如果电热水器在使用时出现加热慢、耗电量大等现象，则应及时请专业人员上门维护和检查。如果电热水器的镁棒出现了问题，就应当及时更换镁棒，以排除事故隐患。

知识衔接

镁阳极棒小常识

家用储水式电热水器内胆的结垢腐蚀问题，是一个影响电热水器使用安全的重要因素。如果结垢造成内胆腐蚀或加热管腐蚀穿孔，就会出现漏电危险，从而有可能造成人身伤害事故。

原来，在水质硬度大的地方，电热水器的内胆更容易受到腐蚀，尤其是在焊接处更容易出现问题。在焊接处由于焊条与内胆材料的不同，晶间结构也就不同，各种材料及在不同部位的电位也不同。这样，不同的材料元素之间就会产生电位差，当有液体作为导体将两者连接起来时就会形成一个电池，电位高的为阳极，电位低的为阴极。

电子通过液体由阳极流向阴极，阳极失去电子变成正离子溶入水中。当金属中的元素形成离子离开金属体后，金属体就会受到削弱，这就是我们常见的腐蚀现象。在焊接处的杂质最多，所以最容易形成无数个由阴阳极组成的微电池，从而产生电化学腐蚀。并且在水质硬度大的地方，水中的离子浓度也大，腐蚀的速度也更快。

为了防止储水式电热水器内胆的腐蚀，通常采用牺牲阳极的办法来解决。大多数内胆和加热棒都是用钢材做成的，主要成分为铁元素。由于铁元素在化学元素周期表中排在了镁元素的后面，并且电位相差较大。如果镁和铁同处于一个导电液体中，镁就会成为阳极，而铁成为阴极。在这个过程中，镁失去电子受到腐蚀，铁获得电子受到保护。因此，用镁阳极棒保护内胆和加热棒是非常理想的办法。

镁阳极棒就是利用镁棒释放镁离子来减缓内胆和加热棒

腐蚀的。镁棒的大小直接关系到保护内胆时间的长短和保护效果的好坏，镁棒越大其保护效果就越好，保护时间也就越长。

19. 安全使用吸油烟机应注意哪些问题？

吸油烟机作为一种厨房家用电器，人们几乎每天都要与其打交道，因此提高安全使用吸油烟机的水平，对于保障人们的生命财产安全具有重要的意义。

① 吸油烟机必须使用有可靠接地的电源插座，电源电压也必须符合规定要求。

② 吸油烟机的电源插座应设置在便于拆卸的地方，以备在特殊状况下能够迅速切断电源。

③ 严禁用湿手操作电源开关，也不准用湿手触摸电源插头和电气部件，以免发生触电事故。清洁吸油烟机时必须首先切断电源，并严禁将水分渗入电机和开关等电气部分，以防发生短路和火灾事故。

④ 不要让吸油烟机和其他燃气器具(如燃气热水器等)共用一个烟道。吸油烟机在燃气炉灶上使用时，厨房必须保持良好通风。吸油烟机排出的废气不允许通入热的烟道中，以免发生危险。

⑤ 不要将吸油烟机安装在使用固体燃料的炉具的上部，严禁炉火直接烘烤吸油烟机。也不要将吸油烟机安装在木质等易燃物的墙面上，以防发生火灾。

⑥ 吸油烟机的内部电气连接和气流密封部位不宜经常拆洗。经常拆洗密封圈容易导致其老化变形，油污很容易进入器具电气连接部位，从而影响其安全性能，并降低吸油烟机的使用寿命。表 7-1 为吸油烟机常见故障的排除方法。

表 7-1　吸油烟机常见故障的排除办法

吸油烟机常见故障	故障分析	解决办法
整机无任何反应	查看是否插上电源或没电	插上电源或等待来电
	插头与插座接触不良	检修插头、插座或进行更换
	电源板上保险管断开	须更换保险管
	电源线断路或接口松动	须更换电源线或连接好接口
	吸油烟机开关接触不良或损坏	须检修更换电子开关
	机内电气连接导线或端子松动或脱落	找出脱落点重新连接紧固
吸油烟机的指示灯不亮	首先检查开关和连接灯的电源线是否断路	连接好电源线
	灯泡损坏	更换灯泡
	控制灯的电子变压器损坏	更换电子变压器
	电路控制板故障	应检修更换电路板
吸油烟机电机不转	检查开关、连接电机的电源线是否断路	连接好电源线
	电容器损坏	更换电容器
	电机烧坏或磨损	更换电机
	电路控制板故障	应检修更换电路板
	电机过热保护断开	拆开电机连接过热保护或稍等后会自动复位
吸油烟机倒烟漏油	吸油烟机接口未装好	应重新密封安装接口
	止回阀未安装好或止回阀损坏	重装或更换止回阀
	楼房烟道问题	需要找物业人员共同解决
	吸油烟机本身油路设计问题造成漏油	质量问题
	吸油烟机因长时间没有清洗或油烟机安装不平	油盒内污油过多，应定时清洗；吸油烟机滤网应定时清洗；整机应定时清洁

20. 安装吸油烟机应注意哪些问题?

新购买的吸吸油烟机都是由专业人员免费上门安装的，用户在使用中发现问题可以请专业人员进行维修。但是，作为使用者也应认真阅读产品说明书，了解产品对安装有哪些特殊要求，这对于正确使用吸吸油烟机是至关重要的。

① 吸油烟机应安装在燃气灶具中心点正上方位置，与灶具保持在同一轴心线上。其底平面与燃气灶具之间的距离应在650～750mm 范围内，侧吸型吸油烟机可适当降低（200～400mm）。安装高度过高的话，吸油烟效果欠佳，由于受横向气流的影响，油烟会发生偏移而弥散到室内。安装高度过低的话，烹饪者容易与吸油烟机碰头，同时由于距离火焰过近，容易导致粘附在吸油烟机上的油污起火。

② 尽量不要把吸油烟机安装在门窗等空气对流较强的位置附近，以免影响吸油烟的效果。出风管也不宜太长，最好不要超过 2m。安装时应尽量减少其拐弯次数，尤其避免多个 90° 折弯，并选择合理的走向，以便油烟顺利排出。

③ 吸油烟机在空心轻体墙的固定，有两种主要方式：一是采用水泥砂浆(含石子)将需固定的空心处填实，等干透后用膨胀螺栓固定电器固定架；二是将墙体打穿使用加长螺栓杆将电器固定架固定在整个墙体上。

④ 用膨胀螺栓把吸油烟机固定在混凝土或砖墙墙面上，不能直接固定在非承重墙墙面上，更不能固定在橱柜上。同时，在安装膨胀管时，管孔与钻孔的配合一定要密切，严禁钻孔过大使膨胀管松动，造成机器跌落。

⑤ 最后要检查安装是否牢固，以免机体脱落伤人。

21. 安装万向风管应注意哪些事项？

万向风管的安装质量直接影响吸油烟机的排烟效果，所以应当慎重对待万向风管的安装。

① 安装万向风管时，应确保止逆阀部件内的两叶片起落自如，保证风管管壁不鼓不瘪，弯角自如。在风管引出过程中应尽量固定牢靠，并用胶带将缝隙粘住，以免油烟泄漏降低排烟效果。同时，避免在使用中由于大幅度震动而产生噪声。

② 万向风管如需加长烟管，即增加 1 个风管，应注意采用科学的对接方法，以防影响排烟效果。在对接时可将两风管对接端的端头拆下，沿风管螺纹将二者旋进 5 圈以上，并用胶带封住，确认牢固可靠，以防发生倒风和油烟散漏现象。

22. 如何鉴别电磁炉面板的优劣？

电磁炉面板是电磁炉的关键元件，其质量好坏直接影响电磁炉的工作性能和使用寿命。目前市场上电磁炉的面板主要分为两种，即陶瓷面板和微晶玻璃面板。陶瓷顶板又可分为 A、B、C 3 个等级。现在，电磁炉的面板又有进口与国产之分，并且品质良莠不齐。那么，应如何鉴别面板的优劣呢？

① 优质面板内外表面光洁润透，无杂质，面板边缘无切割打磨痕迹；而劣质面板光洁度差，有杂质，面板边缘有明显的切割打磨痕迹。有时为了掩盖其缺陷，往往还会在外表涂上一些装饰图案。

② 将一张写有字图但墨痕未干的纸张贴放在面板上，搁置铁炒锅进行大火干烧 1～2 分钟。待冷却后用湿抹布擦拭，没有

留下痕迹的则为优质面板；反之，面板的质量就次一些。

③ 可用钥匙等铁质器件在面板上用力擦刮一下，没有留下刮痕的则为优质面板，反之，面板的质量就差一些。

23. 使用电磁炉应注意哪些安全问题？

电磁炉是一种传导式加热的无火煮食厨具，在使用时一定要注意安全问题。

① 放置电磁炉的桌面要平整，特别是在餐桌上吃火锅时更应当注意。如果桌面不平，或者桌面有一定的倾斜度，使得电磁炉的某一脚悬空或倾斜，那么当电磁炉对锅具加温时，锅具产生的微震也容易使锅具滑出而发生危险。

② 在电磁炉面板上不要放置小刀、小叉、瓶盖等铁磁性物体，也不要将手表、录音磁带等易受磁场影响的物品放在面板上。并且，在电磁炉2～3m的范围内，最好也不要放置电视机、录音机、收音机等容易受到磁化的家用电器，以免受到磁场的不良影响。

③ 电源线要符合规定要求。由于电磁炉功率大，在配置电源线时应选用15A电流的铜芯线，配套使用的插座、插头、开关等也要符合国家有关规定。不要与其他电器共用一个插座，在插头电线损坏时或电源插头与插座接触不良时，切勿使用电磁炉。否则，电磁炉在工作时产生的大电流有可能烧毁电源线和插座。

④ 在使用电磁炉时，应注意远离水蒸气，因为电磁炉最怕水蒸气。在电磁炉内装有冷却风扇，应放置在空气流通的地方使用，并且保证出风口距离墙面在10cm以上。同时，不要让铁锅或其他锅具空烧和干烧，以免电磁炉面板发生裂纹。需要关闭电磁炉时，应先把功率电位器调到最小位置，然后再关闭电源，最后端下铁锅。

⑤ 应使电磁炉的前部与左右两侧保持干净，不能有金属丝

和异物进入吸气或排气口的缝隙内。被加热的锅具应该有排气孔或者排气缝，特别是在加热密封的容器或者罐头食品时，应注意不要过热，以防发生爆罐伤人事故。炒菜锅在使用后不要置于炉面上，避免下次使用时难以启动。烹调结束后，锅具产生的高温热量会传导至电磁炉面板，切勿立即触摸该面板。

⑥ 要保证炉体的进、排气孔通畅。由于电磁炉工作时会随锅具的升温而升温，因此保证电磁炉的正常散热至关重要。在放置电磁炉时，应注意炉体的进、排气孔处不应被任何物体阻挡。也不要在炉体的侧面和下面垫放有可能损害电磁炉的物体。在电磁炉工作时，如果发现电磁炉内置的风扇不转动，那么就要立即停用，并及时进行检修。

24. 如何清洁电磁炉具?

电磁炉同其他电器一样，需要定期进行清洁。那么，应如何清洁电磁炉具呢?

① 在擦洗电磁炉面板之前应先拔掉电源线，等面板冷却后再进行清洁。正在使用或刚结束使用的炉面，不宜马上用冷水冲洗。

② 电磁炉面板脏污或变色时，不要用金属刷、砂布等较硬的工具擦拭。清除污垢可用软布蘸水抹去，清除油污可用软布沾一点低浓度的中性洗衣粉水擦拭，然后用毛巾擦干净。

③ 使用电磁炉要注意防水防潮，并避免接触有害液体。在清洁电磁炉时不要把电磁炉放入水中清洗，或用水直接冲洗，以免造成电磁炉电气部分发生损坏或短路。也不能用溶剂、汽油清洗炉面或炉体。

④ 电磁炉在长时间不用时，应将其擦洗干净并晾干后置放于干燥的地方收藏起来。注意不要放在潮湿的环境中保存，并避免对电磁炉进行挤压。

知识衔接

电磁炉防故障小窍门

为了防止人为原因对电磁炉的破坏，在使用电磁炉进行烹饪时应当注意以下几点。

① 锅具容器内的食物和水最好不要超过70%，以免在加热过程中发生外溢，从而造成电路板及有关元件短路和损坏。

② 锅具容器必须放置在电磁炉面板的中央。当锅具容器偏离面板中央时，就容易造成散热不平衡而发生故障。

③ 当锅具容器被加热至高温时，千万不要在通电状态下直接端起锅具容器再放下。因为瞬间功率忽大忽小，容易损坏主板上的电子元件而发生故障。

④ 对于各个功能键的按键要轻触轻按。电磁炉的各按钮属轻触型，使用时手指的用力不要过重。当所按动的按钮启动后，手指就应及时离开，不要按住不放，以免损伤簧片和导电接触片。

⑤ 一旦电磁炉发生损坏，应请专业维修人员进行拆修，千万不要自行拆卸修理，以防造成难以修复的故障。

25. 使用电磁炉如何防辐射?

电磁炉在工作时线圈盘产生的电磁场除了为锅具加热外，还有一部分会从电磁炉体内和锅体向外泄放，从而产生人们所说的外泄电磁辐射，又被称为“电磁炉外泄辐射”。那么，这个“电磁炉外泄辐射”对人有没有危害呢？这主要取决于“电磁炉外泄辐射”的强度，当这个强度超过安全阈值后就会对人体产生危害，并且强度越大对使用者的伤害就越大。一般来说，“电磁炉外泄

辐射”的强度大小与电磁炉的质量及功率有关。

选择质量有保证的电磁炉产品，并养成良好的使用习惯，对于科学防范电磁炉的危害具有重要的意义。

① 防止电磁炉危害应严把“选购关”。一般从电磁炉的外观很难鉴定产品的质量，最好选择正规厂家正规品牌的电磁炉和锅具。这些产品质量一般都较可靠，安全性也较有保障。

② 在使用过程中不要与电磁炉靠得过近。一般来说，电磁炉的磁场最大值均产生在散热隔栅处，用户在使用时应尽量与电磁炉保持 30cm 以上的距离，并尽量避开散热隔栅处。

③ 不要把电磁炉放在靠近其他热源和潮湿的地方，以免影响其绝缘性能和正常工作。同时，也不要用铁钉、铁丝等异物伸入吸气和排气口。在使用电磁炉时，操作者身上不要带金属框眼镜、项链及金属腰带等金属物品，以防人体受到更大的电磁辐射。

④ 注意做好电磁炉的保养工作，及时清除面板上的油污脏物，最大限度地避免电磁波泄漏。在清洗电磁炉时，切忌使用腐蚀性液体进行洗涤，以免发生外观变色变质现象和影响内部电路安全而缩短使用寿命。

26. 为什么不要在电磁炉面板和锅底之间垫东西?

有人为了防止电磁炉面板的污染，往往会在电磁炉面板和锅底之间垫些东西，如废报纸、手绢之类的物品。其实，这种做法是不科学的。原来，电磁炉加热的秘密在于铁质锅具的感应涡流发热。而废报纸、手绢之类的物品都是非铁磁物质，本身的磁导率很低，把它们垫在电磁炉面板和锅底之间，势必会影响锅具的发热效率。

并且，铁质锅具在加热一段时间之后，锅底的温度往往会升得很高。与锅底直接接触的废报纸、手绢之类的物品，则很有可能被引燃，这样非常容易发生火灾事故。

27. 使用电饭锅应该注意哪些事项?

电饭锅是一种大功率的电器，为了保证用电安全，在使用电饭锅时应注意以下问题。

① 必须配备足够负荷的导线和电源。注意不能把电饭锅的电源插头插在灯头或台灯的插座上，以免造成触电和起火等事故。

② 不要用电饭锅蒸煮太酸或太咸的食物。电饭锅的内胆是铝合金制品，接触太酸或太咸的食品会因侵蚀而损坏。同时，如果这些流质食物外溢到电器内部，还会造成电器元件的损坏。

③ 不能在通电情况下用湿手触摸电饭锅的内胆，以防发生触电事故。在饭菜做好以后，要先拔下电源插头再取内胆，以免造成电热板空烧而损坏电热元件。在使用自动功能时，一定要仔细检查内胆是否放好，是否处于正常工作状态，以免长时间无人照看而发生意外。

28. 为什么确保电压力锅安全须从选购入手?

电压力锅几乎是家庭必备的厨房电器，安全使用更是具有重要的意义。电压力锅是列入国家强制性安全认证（CCC，即 3C）目录的产品之一，没有通过 3C 认证的产品是不允许上市销售的，产品的质量也是无法保证的。因此，在选购电压力锅时，消费者一定要看清楚所购买的产品上是否有 3C 安全认证标志。

由于电压力锅具有一定的工作压力，因此涉及人身方面的安

全。在选购电压力锅时，可以留意质量监督部门公布的市场监督抽查结果，并注意考察其质量是否可靠，一定要选择主流品牌的电压力锅，坚决不购买存在安全隐患的产品。

29. 使用电压力锅应注意哪些事项?

电压力锅是一种采用电加热方式能够自动控压的高压锅，一般产品都采用了多重安全保护措施。但为了确保使用万无一失，还应当注意以下一些事项。

① 用前要排查隐患。在使用电压力锅之前，应认真检查排气孔是否畅通，安全阀座下的孔洞是否被杂物堵塞。如果发现气孔被堵塞，则应及时清洁气孔，然后才能使用，否则就有可能发生安全方面的事故。同时，还应检查橡胶密封垫圈是否老化，以防胶圈老化导致电压力锅漏气。

② 手柄一定要重合。电压力锅锅盖的手柄一定要和锅体的手柄完全重合，这样才能通电烹制食物，否则就有可能引发爆锅飞盖事故。

③ 严禁在锅内放置太多原料。在使用电压力锅时，放置食物原料的容量不要超过锅内容积的 4/5，如果是豆类等易膨胀的食物则不得超过锅内容积的 2/3。否则，就有爆锅的可能。

④ 千万不能自行加压。在使用电压力锅时，千万不要为了缩短烹煮时间，而擅自在加压阀门上增加重量。电压力锅的耐压能力是有一定限度的，盲目增加锅内的压力，其后果是十分严重的。

⑤ 在加热过程中严禁开盖。在电压力锅加热过程中，是绝对不能打开锅盖的，以防食物从锅中爆出来发生烫伤事故。在未确认冷却之前，不得取下重锤或调压装置，以免发生食物喷出伤人事故。只有在自然冷却或强制冷却之后，才能打开电压力锅的

锅盖。

⑥ 要注意掌握烹煮的火候。在使用电压力锅时，注意掌握烹煮火候是非常重要的。应注意不要采用大火猛烧的方式。在上火加热之后，只要锅中的蒸汽从排气管发出较大的“嘶嘶”声，就可以降低炉温让限压阀的“嘶嘶”声轻一点。

⑦ 应确认锅内没有气压后才能开盖。在打开电压力锅锅盖之前，要确定自然放气已经完成，锅内已经没有气压，这时再拿掉限压阀，打开锅盖。当然，也可以用冷水进行强制冷却，从而让锅内的气压降得快一些。但也要等到锅内无气体排出时，才能打开锅盖。

30. 保养电饭锅应注意哪些事项?

电饭锅是一种家用厨房电器，保养是否得当直接影响其使用寿命和安全。所以，在保养电饭锅方面应注意以下几点。

① 电饭锅属于一种以电能为能源的专用炊具，绝对不能把内锅放在其他炉火上进行加热。并且，内锅也不能用于其他用途。在使用电饭锅时，千万不要碰撞内锅。因为内锅变形后底部与电热板就不能很好地吻合，从而在煮饭时容易发生受热不均和“夹生饭”的现象。

② 不要把电饭锅放在有腐蚀性气体或潮湿的地方，以防内胆受到侵蚀而损坏。长时间不用的电饭锅，应将锅内外都擦洗干净，然后存放在通风干燥的地方。

③ 每次使用完电饭锅之后都要认真地清洗内锅，特别是内锅底有锅巴时必须清洗干净。但清洗内锅必须在切断电源后进行，清洗时可使用洗涤剂，但需用清水冲净并用湿布抹净。洗涤后的内锅，必须揩干外表的水才能放入电饭锅内。

④ 发热盘与内锅之间必须保持清洁，切忌将饭粒掉入其中影响热效率，甚至损坏发热盘。但必须注意，电饭锅的外壳和发热盘切忌浸水，以防发生短路而引起电气事故。

⑤ 注意不要使用锐器铲刮内胆，以防发生内锅损伤。也不能使用刀、剪、铲等锐利器具清洁电饭锅的内外，以防损坏电饭锅的保护层或使其凸凹变形。

31. 安全使用电烤箱应注意哪些事项?

电烤箱是利用电热元件发出的辐射热烤制食物的厨房电器，在使用时应当注意以下安全问题。

① 电烤箱属于大功率家用电器，在使用时应特别注意电气安全。要注意检查电源线路的承载能力，如果电烤箱的功率大于电度表的功率，那么是不能使用电烤箱的。因此，需要匹配合适的电度表和电源线才能使用电烤箱。

② 一定要将电烤箱放置在通风的地方，不要过于靠近墙面，以防止电烤箱散热不畅。在烘烤食物之前，应先预热至指定温度，一般需要 10 分钟左右。注意电烤箱预热时间不能太长，以防长时间空烤影响电烤箱的使用寿命。

③ 在使用电烤箱进行烘烤食物时，应事先把要烤制的食品调制好，并按食品性质和烤制要求分别放入烤盘或烤网上，然后放入烤箱中。按照说明书确定的时间和温度进行烧烤。

④ 在烘烤过程中，可以通过箱门上的玻璃观察窗进行观察。有些电烤箱的托盘带有微电机，可自动转动使食品烤得均匀。有些电烤箱的托盘没有微电机，在烤制食品时需要人工翻动。当食品的一面被烤好后，可以断电开箱用叉子翻动食品。注意不要将水滴溅到玻璃窗上，以免发生爆裂伤及人身。

⑤ 在烘烤食品完成后，应先切断电源。在取烤盘时，注意不要用手去碰触箱内的管状加热器，以防发生烫伤事故。每次使用完电烤箱，应在其冷却后对内胆、烤盘、烤网等进行擦拭。

32. 为什么饮水机也会引发火灾?

饮水机主要是靠发热原理进行工作的，其温控装置正常运行是确保饮水机安全运行的前提。如果未对饮水机的外壳及保温材料进行任何阻燃处理，那么发热元件及其相连部位一旦发生故障，就极易引燃与之相邻的易燃材料而引发火灾。

一般家用饮水机引起的火灾，主要有4个方面的原因。一是饮水机的温度控制装置失灵，二是由于负载电流过大而致内部线路短路，三是饮水机内胆缺水造成“干烧”，四是饮水机内线路老化等。

33. 安全使用饮水机有哪些讲究?

① 要严把选购质量关。在购买饮水机时，一定要选择明确标注有生产厂家、地址、电话并且具有合格证的有质量保证的产品，千万不要贪图便宜而购置那些没有质量保证的“三无”产品。

② 要选择适当的位置。在放置饮水机时要保证其具有良好的通风环境，并远离易燃易爆物、腐蚀性气体、热源、火源及潮湿和有灰尘的环境，以免发生电气火灾。

③ 要采取安全保护措施。家用电器导线和熔断器的选择都要符合规定要求，并安装漏电保护器，对电气设备还要注意经常检查，发现损坏及时进行修理更换。

④ 要合理正确地使用。在外出或睡觉前，应将饮水机电源插头拔掉或将电源开关关掉，这样既安全又省电。如发现有异常，

气味和异常噪声，应立即切断电源，及时请专业人员进行检修。

34. 如何安全使用电吹风?

电吹风需要使用者手持进行操作，并且使用环境湿度比较大，因此要格外注意电吹风的使用安全，从而防止发生触电事故。

① 使用电吹风应当保持电源线的绝缘良好，不得在浴室或湿度大的地方使用电吹风，在禁火场所及易燃、易爆危险场所则严禁使用电吹风，以避免发生触电事故和火灾危险。因在浴室使用电吹风导致触电事故的案例不胜枚举，我们应当引以为戒。

② 有接地引线的电吹风，一定要把接地线接好再使用。使用电吹风时，应先接通电源，然后打开开关，这样可避免因瞬间电压过高而影响电机寿命。要养成使用完毕立即切断电源的习惯，特别是遇到临时停电或电吹风出现故障时更应如此。如中途停用电吹风，则必须关上开关，并不得随意搁置在桌面、沙发、床垫等可燃物上。

③ 在使用过程中，一旦发现有异常情况，如出现杂音、噪声、温度过高、转速突然降低、电机不转、风叶脱落、有焦臭味、电源线冒烟等不正常现象，则应立即拔下电源插头。请专业人员排除故障后方可使用。

④ 使用完电吹风之后应该轻拿轻放，防止摔碰其他物体，并放在通风干燥处保存。因为电吹风内部的电热丝在工作之后仍然处于高温状态，这时电热丝比较松弛，摔碰其他物体后很容易折断和变形。同时，摔碰其他物体后还会导致电热丝滑出固定架，从而导致电热丝与机壳的相碰。这样一来，在下次使用时机壳就会带电，因此容易发生触电事故。

第八章　手机、电脑及网络安全

1. 为什么手机充电器不能长期不拔?

智能手机以其机身薄、屏幕大及应用程序多而受到人们的喜爱,然而由于耗电量高大大缩短了其待机时间。有些人为了省事,就干脆把手机充电器插在电源上，有时候几天都不拔掉。这种做法是十分危险的，不仅浪费了电能，而且会诱发火灾事故。

充电器插在电源上长期不拔，非常容易促使其受热老化，还有可能因遇水或不小心踩踏而导致短路，从而引发火灾或触电事故。有些人喜欢在手机充电时接打电话，这种做法也是危险的，因为在充电时接打电话会引起手机电压和电流的不稳定，进而对手机电池产生强烈冲击，甚至有可能引发爆炸事故。

所以，在充电完毕后应及时拔下充电器电源插头。并且，在手机充电过程中不要接打电话。

2. 如何防范手机电池爆炸?

手机电池爆炸的原因大体上有 3 种情况。一是电池本身方面的原因，如使用假冒伪劣电池极容易发生事故。假冒伪劣电池存在的普遍问题是电池内的核心部件质量差、充电量不足、放电时间短、抗破坏性能差等。二是电芯长期过充，从而发生自燃或爆炸。锂离子电池在特殊温度、湿度及接触不良等情况下，可能发生瞬间放电而产生大电流。三是电池正负极发生短路，从而可能

会引起爆炸。同时，消费者将手机放在高温或易燃物品旁，也有可能引起爆炸。

防范手机爆炸，应注意以下事项。一是要使用原厂正品电池，不要随意改装手机电池，不要使用已经破损的电池。二是要尽可能使用原装充电器进行充电，对电池进行充电或是放置手机时，一定要选择远离高温的地方，同时也要避免夏天阳光的直射。三是注意多用耳机接听电话，不要长时间通话，在充电时尽量不打电话。四是要尽量将手机放在提包里，不要将手机挂在胸前等。

3. 为什么雷雨天严禁接打手机?

据报道，一名男子在打雷时因收到一条短信，而导致手机屏幕爆裂；另有一名男子在雷雨天不幸被雷击而身亡，当时在他胸前挂着的手机也被烧毁……有关手机可能招致雷击的报道还有很多。专家提醒，雷雨天气时，在户外最好关闭手机，以防发生雷击事故。

为什么打雷时不能打手机呢？有专家认为，手机在工作时发射的电磁波具有“引雷”的作用。如果在雷雨天手机电源处于开通状态，那么手机就极容易引来感应雷。因为雷电的干扰，手机的无线频率跳跃性增强，很容易诱发雷击和烧机等事故。但公共聚居地都装有避雷装置，人们处在这种环境中相对安全。而一旦处于空旷地带时，人和手机就会成为地面明显的凸起物，手机极有可能成为雷雨云选择的放电对象。在室外雷击区接打手机，无异于“引雷”入身，因此是十分危险的。

尽管目前对于手机电磁波能否引雷的说法还存有争议，但是雷雨天气在户外关闭手机是一项确保安全之策。雷雨天气，如果孤身处在旷野或山上（高处），那么人体本身就面临着直击雷的威胁。

如果此时再使用手机，那么被雷击的可能性就会加大很多。为了安全起见，建议不要在打雷时拨打或接听手机，最好关掉手机电源。

4. 手机进水怎么办?

手机对水很忌讳，应当注意做好防水工作。一旦手机进水该怎么办呢?

手机进水后，千万不要尝试开机。当务之急是要关掉电源，注意不是按关机键，而是把电池卸下。因为按关机键可使手机通电工作，很可能因短路而造成手机损坏。将电池卸下后，先用力甩动手机进行脱水。在没有拆卸开手机的情况下，注意不要使用吹风机吹干，因为吹风机并不能让手机有效脱水，反而容易在手机部件内形成水蒸气，从而加速手机零部件的氧化。

将电池卸下后最好送专业人员进行处理。如果没有烧坏主板，在清洗后大多能正常使用，但进水后会对显示屏和摄像头产生一定的影响。如果不想送修，则可以把手机拆开，用吹风机吹几分钟，但不要使用热风。然后用香蕉水清洗一下，再用吹风机吹一会。为了确保手机内部零件彻底干透，最好让手机风干几天再开机试验。

5. 电脑对使用环境有什么要求?

选择一个良好的使用环境，对于确保电脑的使用安全具有重要的意义。

① 家用电脑应当在良好的使用环境中运行。对电脑来说，选择一个干燥、通风的环境是非常重要的，因为电脑在工作时会产生大量的热量，如果温度过高则会使电脑变得极不稳定，所以

电脑应放在易于通风和空气流动的地方，这样有利于电脑温度的调节。

② 家用电脑还需要洁净、适温、无震动的环境，并且远离电磁干扰源。即家用电脑不要在高温、震动、有灰尘等不良环境中使用，否则就会出现安全方面的事故。例如，灰尘和毛絮落在电脑电路板或元器件上，就容易引发电脑故障。

③ 家用电脑不要用含水多的湿布进行擦拭。如果用含水多的湿布擦拭电脑的表面，那么多余的水分就会流入电脑而使其发生短路。电脑中的多数元件是由大规模集成电路组成的，遇到水分后会发生电路短路，轻者会烧坏电气元件，重者会发生火灾或爆炸。因此，在使用时一定要注意不能让电脑进水。

6. 操作电脑时如何做好自我保护?

随着电脑的普及和互联网的渗透，人们对于电脑和网络的依赖越来越强。其中不乏沉迷于网络的电脑一族，他们沉迷在网上冲浪的惬意之中，却付出了身体健康的代价。那么，经常伏案操作电脑存在哪些健康隐患呢？

① 长时间坐在电脑前，最容易受到伤害的器官就是眼睛。由于视物距离比较近，使得眼睫状肌处于收缩紧张状态。如果眼睛长期处于紧张状态，那么由于晶体变凸得不到缓解，往往会导致近视眼。电脑荧光屏的闪动对眼睛也有较强的刺激作用，让人出现流泪、视力减退、头昏脑涨等不适症状。同时，长期使用电脑还会导致青光眼、白内障、角膜溃疡和视网膜剥脱等。

② 长时间使用电脑者还容易引起腰椎间盘突出症和颈椎病。经常坐在电脑前，长期固定的前倾姿势再加上缺乏必要的躯体运动，则很容易导致腰椎增生和后纵韧带紧张，从而引起腰椎

间盘突出症。如果压迫神经根和坐骨神经，则可导致根性坐骨神经疼痛，以及下肢疼痛和活动障碍等。如果电脑使用者的头部长时间处于同一种姿势，也容易引起颈椎代偿性增生。如果压迫神经根，还会引起肩周炎、上肢活动受限等症状，也可导致椎动脉受压而引起大脑枕部供血异常，从而出现头痛、头晕、记忆力下降等症状。

③ 长时间坐在电脑前，由于缺乏必要的锻炼，往往会使依赖骨骼肌收缩回流的下肢静脉的压力增高，有可能引起静脉瓣功能性关闭不全，最终发展成为下肢静脉曲张。所以，对于长期使用电脑者应该多活动下肢。长期使用电脑，还会导致向心性肥胖，也可能出现较严重的易躁、易怒、头晕、头痛、失眠和健忘等神经衰弱症状。

7. 电脑在开关机时应注意哪些安全常识?

现在，电脑已经成为居家学习和娱乐的重要工具。然而，安全使用电脑是很有讲究的。正确开关机也是保证电脑使用安全的重要方面。

① 家用电脑不要无顺序开机。打开电脑一定要按照开机顺序进行，以减少对电脑硬件的伤害。一般应该先打开外设（如显示器、音箱、扫描仪等设备）的电源，然后接通电脑主机的电源。

② 家用电脑的关机顺序正好与开机时相反。应该先使用正确的方法关闭主机电源，再关闭外设的电源，这样可以减少对硬件的伤害。因为在主机通电的情况下，关闭外设电源的瞬间，会产生一个很大的电流冲击。

③ 家用电脑在不用时不要长期待机。电脑在不用时最好能切断电源，因为长期通电不仅会影响寿命，也容易发生火灾。对

笔记本电脑的电池进行充电时，请务必遵照产品手册里的说明进行，避免充电时间过长（超过 24 小时），避免在散热不好的环境下进行充电。

8. 防电脑辐射应注意哪些问题?

在家用电器中，电脑是最为主要的电磁辐射源之一。由于人们对电脑的依赖性越来越强，因此注意操作电脑时的防辐射具有重要的意义。那么，在操作电脑时应注意哪些问题呢？

① 要正确摆放电脑。在摆放电脑时应尽量不要让屏幕的背面对着有人的地方，因为电脑的背面往往是辐射最强的部位，其次为左右两侧，而屏幕正面的辐射反而是最弱的。同时，还应注意不要在电脑的背后逗留，以防受到电磁辐射的危害。电脑主机应尽量放置在离腿远一点的位置，电脑桌下方的电线及变压器也应尽可能地远离自己的脚。

② 尽量使用新款电脑。一般来说，旧电脑的辐射是新电脑的 1～2 倍。并且最好选用液晶显示器，因为液晶显示器的辐射较小，所以选用液晶显示器可以最大限度地保护眼睛。操作电脑时，在显示屏上安装一块电脑专用滤色板也可以减轻辐射的危害。

③ 保持室内通风也很重要。据悉，电脑的荧屏容易产生一种叫溴化二苯并呋喃的致癌物质。所以，放置电脑的房间最好能安装换气扇，如果没有安装也要注意通风换气。

④ 要注意与屏幕保持适当距离。使用电脑时，人体离屏幕越近，所受的电磁辐射越大，因此最好与屏幕保持 0.5m 以上的距离。如果电脑桌比较小的话，不妨将显示器尽可能地向后退，以加大自己与屏幕的距离。

⑤ 应调整好屏幕的亮度。一般来说，电脑屏幕的亮度越高，电磁辐射就越强，反之就越小。因此，屏幕不宜调得太亮，以减少屏幕辐射对人体的危害。但也不能调得太暗，以免因亮度太低而影响显示效果，而且也容易引起眼睛疲劳。

⑥ 不要对着电脑睡觉。有些人在午休的时候，喜欢趴在电脑桌上睡觉，其实这种习惯是十分有害的。特别是只关屏幕不关主机的做法更不可取，因为只把屏幕关掉是无法杜绝辐射的。此时，如果在电脑桌上趴着睡，那么头直接对着键盘也是一个误区，因为键盘比显示屏的辐射更加厉害。

⑦ 每隔 3 小时洗一次脸。因为电脑荧光屏表面分布有大量的静电，其聚集的灰尘可转移到人们的脸部和手部裸露部分的皮肤上，时间久了就容易发生斑疹和色素沉着，严重者甚至还会引起皮肤病变等。因此使用电脑前应先做好护肤隔离，使用后应及时用清水洗脸洗手。一般来说，当人们受到电磁辐射后，用清水洗脸可使辐射减轻 90%以上。

9. 操作电脑时如何保护自己的眼睛?

电脑对人的视力影响是十分显著的，这必须引起每一个使用者的高度重视。一项关于电脑对人的视力影响的调查显示，长期操作电脑者有 75%的人出现视力下降，患有程度不等的“电脑视力综合征”。那么，长期操作电脑者应如何保护自己的眼睛呢?

① 要营造一个适宜的光学环境。安装电脑的房间光线要适宜，既不可过亮也不可过暗，并避免光线直接照射在荧光屏上而产生干扰光线，从而防止反射光对眼睛的伤害。

② 注意保持正确的操作姿势。在操作电脑时，眼睛与屏幕的距离应在 40～50cm，并使双眼平视或轻度向下注视荧光屏，

这样可使颈部肌肉轻松，并使眼球暴露面积减小到最低。

③ 避免长时间连续操作电脑。对于电脑使用者来说，中间注意休息是十分重要的。眼睛是人体中最为柔弱的器官，在操作电脑时应经常注意活动眼球，定期做一定时间的眼保健操等。当电脑使用者出现看东西模糊、眼皮沉重、眼睛干涩，并有灼热或异物感，甚至出现眼球胀痛或头痛时，应及时到医院看眼科医生。

④ 注意进行营养补充。在荧光屏前工作时间过长的人员，其视网膜上的视紫红质会大量被消耗，而视紫红质主要由维生素A合成。因此，经常使用电脑者应多吃些胡萝卜、白菜、豆芽、豆腐、红枣、橘子，以及牛奶、鸡蛋、动物肝脏、瘦肉等富含维生素A和蛋白质的食物。饮茶也有利于吸收与抵抗放射性物质。

知识衔接

电脑视力综合征

“电脑视力综合征”的主要表现如下：

① 出现临时性近视，使用电脑几分钟或几小时后，当看远处的物体时会出现模糊不清的感觉。

② 出现眼疲劳现象，主要表现为眼皮和额头部位疼痛。

③ 看物体出现重影现象，有时转移视线后物体图像还留在眼中。

④ 眼睛发干流泪、眼球胀痛，甚至出现头痛症状。

10. 为什么电脑屏幕需要定期进行清洁?

家用电器吸附灰尘过多，往往会加大电器的辐射量，因此有可能对健康产生不利的影响。例如，电脑屏幕辐射非常容易产生静电，这些静电最易吸附灰尘。所以，应当经常为家用电器进行清洁卫生，确保家用电器健康安全地运行。

研究证明，灰尘是电磁辐射的重要载体，屏幕上附着的微小颗粒会加大辐射量。如果不能经常对家用电器进行擦拭保洁，即使关掉了电源，电磁辐射仍然会留在灰尘里，继续对人体健康产生危害。同时，家用电器上的灰尘多了，还会带来其他环境污染和安全隐患。

11. 如何预防计算机病毒?

由于计算机病毒具有巨大的危害性，因此对计算机病毒应当以预防为主。那么，应当如何预防计算机病毒呢？

① 新购买的电脑在使用之前首先要进行病毒检查，以免机器带毒。尽量不要使用软盘启动计算机。准备一张干净的系统引导盘，并将常用的工具软件拷贝到该盘上，然后妥善保存。此后一旦系统受到病毒侵犯，就可以使用该盘引导系统，进行检查、杀毒等操作。

② 安装真正有效的防毒软件，并经常进行升级。不要使用盗版或来历不明的杀毒软件，特别是不能使用盗版的杀毒软件。安装正版杀毒软件公司提供的防火墙，写保护所有系统软盘。不要轻易下载小网站的软件与程序。

③ 不要随便打开陌生人发来的电子邮件。对于陌生人发来的电子邮件，尤其是那些标题很具诱惑力，如笑话或情书之类，而又带有附件的电子邮件，应注意不要随便打开。对于其他不安全的邮件附件，也不要轻易打开，如扩展名“.exe”或“.chm”的文件等。

④ 不要光顾那些很诱人的小网站，因为这些网站很有可能就是网络陷阱。上网时自动链接到的一些陌生网站，也不要轻易打开。对于一些自己不懂的东西注意不要乱点，尤其是一些色情类

的图片。如果广告漂浮在浏览器页面上，也不要点击它。如果影响到你对网页的浏览，则可以拖动滑动条将其移动到合适的位置。

⑤ 对外来程序要使用查毒软件进行检查，未经检查的可执行文件不能拷入硬盘，更不能使用。定期用防病毒软件检测系统有没有病毒，并定期升级系统安全补丁，定期升级病毒定义库。使用U盘前应先进行查杀病毒操作，以防止系统感染病毒。将硬盘引导区和主引导扇区备份下来，并经常对重要数据进行备份。

⑥ 不要随便下载和安装互联网上的一些小软件或者程序，尽量不要安装上网之类的插件，也不要安装上网助手及其工具栏，因为这类软件有时会影响浏览器的正常使用，并会发送一些垃圾信息。上网时如果遇到屏幕弹出Windows消息对话框，这是由于用户计算机没有关掉Messager服务造成的。所以，应关掉不必要的服务，如文件共享及Messager服务等。

12. 如何及早发现计算机病毒?

即时发现计算机中的病毒，对于控制病毒危害是至关重要的。

检查计算机有无病毒存在主要通过两个途径：一是利用反病毒软件进行检测，二是观察计算机有无异常现象。如出现下列现象，可作为存在病毒的参考。

① 在屏幕上出现一些无意义的显示画面或异常的提示信息。

② 在屏幕上出现一些异常的滚动而与行同步无关。

③ 计算机系统出现异常死机和重启动现象。

④ 计算机系统不承认硬盘或硬盘不能引导系统。

⑤ 计算机机器喇叭自动产生鸣叫。

⑥ 计算机系统引导或程序装入时速度明显减慢，或异常，要求用户输入口令。

⑦ 计算机文件或数据无故丢失，或文件长度自动发生了变化。

⑧ 计算机磁盘出现坏簇或可用空间变小，或不识别磁盘设备。

⑨ 在编辑文本文件时，频繁地自动存盘。

13. 如何清除计算机病毒?

一旦发现计算机感染了病毒，就应当立即进行清除，从而把病毒危害降低到最低限度。

① 在清除病毒之前，要先备份重要的数据文件。

② 及时启动最新的反病毒软件，对整个计算机系统进行病毒扫描和清除，从而使系统或文件恢复到正常状态。

③ 如果在利用反病毒软件清除文件中的病毒时，可执行文件中的病毒不能被清除，那么一般应将其删除，然后重新安装相应的应用程序。

④ 某些病毒在 Windows 状态下无法完全清除，则应用事先准备好的系统引导盘引导系统，然后在 DOS 下运行相关杀毒软件进行清除。

14. 如何安全使用 U 盘?

U 盘作为一种移动存储工具，具有小巧易用的特点，因此在实际生活中获得了广泛应用。那么应如何正确使用 U 盘呢？

① 插入 U 盘。在主机机箱上找到 USB 接口，然后直接插入 U 盘。注意不要插错方向，插入电脑的时候不要用力过大，否则会损伤 USB 接口。

② 把 U 盘插到电脑主机的 USB 接口后，电脑系统会提示“发现新硬件”，然后电脑会自动安装新硬件。安装好 U 盘驱动后，在电脑任务栏的右下角会出现一个 USB 设备小图标。插入 U 盘后，会有杀毒软件对其进行扫描，看 U 盘是否处于安全状态。

③ 打开“我的电脑”，会看到在本地磁盘后多出来一个“可移动磁盘”。直接双击这个磁盘图标就可以打开 U 盘了。接下来，就可以像平时使用电脑一样，在 U 盘上保存、删除文件了。

④ 安全退出。首先要确认 U 盘是否正在使用，如果 U 盘正在使用则不能直接插拔，否则会导致数据的丢失。正确的做法是先关掉所有与 U 盘相关的文件、文件夹，然后右击或者双击屏幕右下角的“安全删除硬件”图标，在弹出的对话框中单击“停止”按钮。当硬件安全退出后，方可安全拔出 U 盘。

15. 长期不使用的笔记本电池应该如何安全保存?

长期不使用的笔记本电池在保存时，应当考虑笔记本电池的安全和寿命。

从安全的角度讲，充满电的电池在长期保存中存在安全方面的隐患。从寿命的角度讲，放光电的电池在长期保存中往往会使电芯失去活性，甚至导致控制电路保护自锁而无法再继续使用。

那么，应该如何安全保存笔记本电池呢？比较理想的保存方法是，将笔记本电池电量使用到 40%左右，并选择阴凉干燥的地方保存，保存温度以 20℃为宜。

还要注意每个月最好能使用一次电池，既能保证电池良好的保存状态，又不至于让电量完全流失而损坏电池。

第二篇　节能篇

第一章　白色家电的节能

1. 什么是家用电器的节能“身份证”？

国家发改委等部门宣布自 2005 年 3 月 1 日起率先从电冰箱、空调器这两个产品开始实施能源效率标识制度，标志着我国正式实施能效标识制度。家用电器的能效标识就是家用电器的节能“身份证”，它能反映用能产品的能源效率等级等性能指标。图 1-1 为家用电器能效标识图。

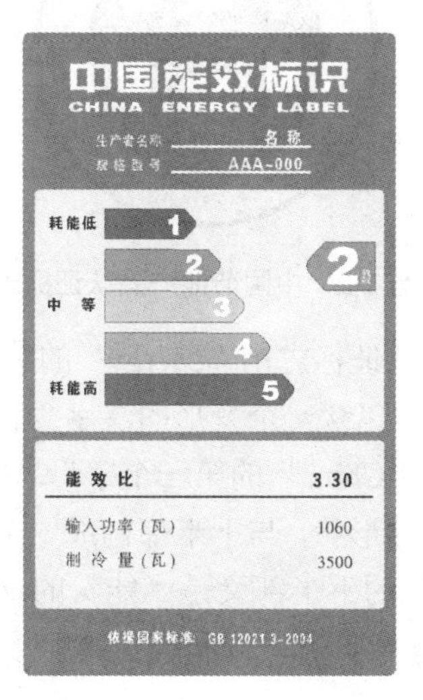

图 1-1　家用电器能效标识

事实证明，我国推行的能效标识制度是构建节能型社会的重要措施。那么什么是能效标识呢？原来，能效标识是附在产品或产品包装上的一种信息标签，用于表示用能产品的能源效率等级性能指标。《能源效率标识管理办法》实施以来，家用电器节能性能就是用“能效标准”加以规范的，凡是没有“能效标识”的用能产品是不能上市销售的。

2. 什么是节能产品认证标志？

节能产品认证标志的整体图案为蓝色，象征着人类通过节能活动还天空和海洋以蓝色。该标志在使用中可根据产品尺寸按比例缩小或放大。图 1-2 为中国节能产品认证标志图标。

图 1-2　中国节能产品认证标志

中国节能产品认证标志由“energy”的第一个字母“e”构成一个圆形图案，中间包含一个变形的汉字“节”，寓意为“节能”。缺口的外圆又构成“China”的第一个字母“C”，“节”的上半部简化成一段古长城的形状，与下半部构成一个烽火台的图案一起象征着中国。“节”的下半部又是“能”的汉语拼音第一个字母“n”。整个图案包含中英文，以利于与国际接轨。

3. 什么是家用电器的能效等级？

能效等级是表示用能产品能效高低差别的一种分级方法，按

照国家标准的相关规定，将空调的能效分为 1、2、3、4、5 五个级别。其标识等级越高耗电量就越大。以电冰箱能效标识为例，等级 1 表示产品达到国际先进水平，即耗能最低；等级 2 表示比较节电；等级 3 表示产品的能源效率为我国市场的平均水平；等级 4 表示产品的能源效率低于市场平均水平；等级 5 表示未来要淘汰的高耗能产品。

有些家用电器的能效等级分为 1、2、3 三个级别。1 级产品为节能产品的目标值，相当于当前市场同类产品的最高节能水平；2 级为节能产品评价等级，应高于产品市场平均水平；3 级为市场准入等级，主要用于淘汰市场上高耗能产品。

4. 什么是空调器的制冷量和制冷功率？

评判空调的制冷能力主要看它的制冷量，制冷量的大小直接影响该空调的适用面积等。那么究竟什么是空调的制冷量呢？

空调器在进行制冷运行时，单位时间内从密闭空间、房间或区域内除去热量的总和称为空调器的制冷量，单位为 W。空调器的制冷量通常是以输出功率计算的。《房间空气调节器》（GB/T 7725—2004）规定：名义制冷量与实际制冷量允许有一定的偏差，但实际制冷量应不小于名义制冷量的 92%。

制冷消耗功率是指空调器进行制冷运行时所输入的总功率，单位为 W。制冷消耗功率不得大于额定值的 110%。

5. 什么是空调器的制热量和制热功率？

制热量是指空调器在额定工况和规定条件下进行制热运行时，在单位时间内送入密闭空间、房间或区域内的热量总和，单位为 W。制热消耗功率是指空调器在进行制热运行时所输入的总功率，单位为 W。制热消耗功率不得大于额定值的 110%。

6. 什么是空调器的匹数?

关于空调器的匹数，原本指的是输入功率，与制冷量不是一个概念。不同品牌的空调器在进行制冷运行时，相同的匹数会输出不同的制冷量，即制冷量是以输出功率计算的。我们平时所说的空调器是多少匹，通常是根据空调器的消耗功率估算出来的制冷量。

一般地，人们习惯把制冷量 2200～2600W 称为一匹，3200～3600W 称为 1.5 匹，4500～5500W 称为 2 匹。其余机型可以根据制冷量估算匹数。

7. 如何根据房间面积来选择空调器的制冷量?

选择多大的空调器比较合理，应当根据房间的面积等因素确定，既满足制冷的需要，又不浪费空调器资源。那么，应当如何根据房间面积来选择空调器的制冷量呢？

在通常情况下，家庭普通房间每平方米所需的制冷量推荐值为 115～145W，客厅、饭厅每平方米所需的制冷量推荐值为 145～175W。某家庭的一个卧室使用面积大约为 $16m^2$，客厅使用面积大约为 $25m^2$，应当分别配置多大制冷量的空调器比较合适呢？

普通房间冷负荷为 115～$145W/m^2$，可以取中间值 $130W/m^2$ 为计算依据，则冷负荷＝130W×16＝2080W。由于空调器的实际制冷量可以比名义制冷量低 8%，因此所选空调器的名义制冷

量必须大于 2080W÷0.92＝2260W。所以，该家庭的卧室可选用名义制冷量大约为 2300 W 的空调器。

客厅或饭厅的冷负荷为 145～175W/m^2，可以取中间值 160W/m^2 为计算依据，则冷负荷＝160W×25＝4000W。由于空调器的实际制冷量可以比名义制冷量低 8%，因此所选空调器的名义制冷量必须大于 4000W÷0.92＝4348W。所以，选用空调器的名义制冷量应大约为 4350W。

我们在选购空调器的时候，首先要根据房间面积大小来确定空调器的功率。但是，空调器的制冷（热）效果还受到房间密闭程度、玻璃窗大小、房间装修布置，以及人员活动状况等因素的影响。例如，居住在楼房顶层的住户应考虑适当增大制冷量，西面和南面开窗的房间也应适当增大制冷量，同时房间内的电视机、电灯、电冰箱等家用电器也要消耗一定的制冷量。

8. 什么是空调器的能效比?

“能效比”指的是制冷量与空调器输入功率之间的比值，它是反映空调器节能水平的重要指标。

空调器的能效比分为两种，即制冷能效比（EER）和制热能效比（COP）。EER 是空调器的制冷性能系数，表示空调器的单位功率制冷量；COP 是空调器的制热性能系数，表示空调器的单位功率制热量。

一般情况下，对于我国绝大多数空调器使用者来说，空调器的主要功能是在夏季进行制冷，至于利用空调器制热只是冬季取暖的一种辅助手段，所以人们一般所称的空调器能效比通常指的是制冷能效比。表 1-1 为空调器能效比的计算表。

表 1-1　空调器能效比的计算

能效比	计算方法
制冷能效比（EER）	EER＝制冷量/制冷消耗功率
制热能效比（COP）	COP＝制热量/制热消耗功率

知识衔接

空调器能效限定值

（GB 12021.3—2010）

类型	额定制冷量（CC）/W	能效比（EER）
整体式		2.90
分体式	CC≤4500	3.20
	4500＜CC≤7100	3.10
	7100＜CC≤14000	3.00

注：空调器能效限定值指空调器的能效比实测值应不小于上表的规定值。

9. 什么是空调器的能效等级？

能效等级是表示空调器能效高低差别的一种划分方法，具体的能效等级是依据“能效比”的高低划定的。依据空调器能效比的大小，《房间空气调节器能效限定值及能效等级》（GB 12021.3—2010）将空气调节器能效等级分成 1、2、3 三个等级，1 级表示能效最高。

看来，能效标识直观地明示了家电产品的能效等级，而能效等级则是判断家电产品是否节能的最重要指标。能效等级与能效比的对应关系见表 1-2。

表 1-2　空调器能效等级指标

类型	额定制冷量（CC）/W	能效等级		
		1	2	3
整体式		3.30	3.10	2.90
分体式	CC≤4500	3.60	3.40	3.20
	4500＜CC≤7100	3.50	3.30	3.10
	7100＜CC≤14000	3.40	3.20	3.00

注：额定能效等级指空调器出厂时由生产厂家按照本标准规定注明的空调器能效等级。

10. 新旧空调标准在节能指标上有哪些变化？

2010 年 6 月 1 日起，实施新的《房间空气调节器能效限定值及能效等级》强制性国家标准，与旧版空调器能效等级《房间空气调节器能效限定值及能源效率等级》（GB 12021.3—2004）标准相比，能效限定值提高了 23%左右。

新标准将房间空调器产品按照能效比大小划分为 1、2、3 三个等级。最为节能的是 1 级能效的空调产品，依次是 2 级能效及 3 级能效的空调。除了能效等级由 5 级改为 3 级外，新国标对空调的节能要求提高了不少。

以额定制冷量不大于 4500 W 的分体式定速空调为例，能效限定值由原先的能效比 2.60 提高到了现在的 3.20，其他几类空调的该项指标也都提高了 0.60。能效限定值其实就是空调上市的最低节能标准，低于这个能效比的空调不能上市销售。

11. 如何识别空调器的能效标识？

从 2010 年 6 月 1 日起，普通的定速空调都改贴 3 级能效标识，但变频空调仍沿用 2008 年版国标《转速可控型房间空气调节器能效限定值及能源效率等级》（GB 21455－2008）的 5 级能效标识。

12. 什么是节能型空调器？

所谓节能型空调器，系指能效比高或者能效比和性能系数都高的产品。

《房间空气调节器能效限定值及能效等级》规定，空调器的节能评价值为能效等级 2 级。所谓节能评价值，是指在额定工况条件下，空调器制冷运行时，节能型空调器所允许的最低能效比。

13. 如何计算空调器的耗电量？

要计算空调器的耗电量，需要搞清楚制冷量、制冷输入功率及能效比 3 个指标的含义。空调的制冷量与制冷输入功率是两个不同的概念，制冷量表示的是空调调节室温的能力，即反映的是空调器每小时所产生的冷量数；而制冷输入功率表示的是空调制冷的耗电量。能效比则是衡量空调器节能效果的重要指标，计算式为制冷量与制冷输入功率的比值。

在计算空调器的耗电量时，还要考虑空调器的工作时间问题。由于空调器在制冷时压缩机不是一直都在工作，因此这里就有一个“开机率”的概念。所谓“开机率”指的是压缩机的工作时间占空调器工作时间的比重。

空调器耗电量的计算公式为

空调器耗电量＝制冷输入功率×使用时间×压缩机开机率

＝制冷量÷能效比×使用时间×压缩机开机率

根据中国标准化研究院的资料，我国家庭每年空调器平均使用时间为 784 小时，压缩机开机率经验值为 0.7。

例如，一款 2 匹（制冷量 5000W）的空调，制冷输入功率为 2000W，那么其能效比＝5000W÷2000W＝2.5。

如果按年平均使用时间 784 小时，压缩机开机率 0.7 计算，那么空调器年耗电量＝制冷输入功率×使用时间×压缩机开机率＝2000W×784h×0.7＝1097.6 度。

14. 如何计算高效节能空调器的节电量？

以制冷量 3500W 空调器为例，使用寿命按 10 年计算。那么，计算一下能效等级为 1 级和 2 级的节能空调器相对于 5 级空调器每年能节电多少。表 1-3 为高效节能空调器节电量计算表。

不同能效比空调器的节电量可按下面的公式进行计算：

高效节能空调器节电量＝制冷量×(1÷低能效比—1÷高能效比)×使用时间×压缩机开机率

家庭每年空调器平均使用时间按 784 小时计算，压缩机开机率为 0.7，电费按 0.52 元/度，二氧化碳排放按每度电 997g 计算。

表 1-3　高效节能空调器节电量计算表

能效等级	制冷量/W	能效比	输入功率/W	年使用时间/h	开机率	年耗电量/kW·h	年节电量/kW·h	年节电费用/元	寿命期内节约电费/元
1	3500	3.4	1029	784	0.7	565	174	90	900
2	3500	3.2	1094	784	0.7	600	139	72	720
5	3500	2.6	1346	784	0.7	739	—	—	—

能效等级为 1 级和 2 级的节能空调器，相对于 5 级空调器每年能节电 174 度和 139 度，年节约电费分别为 90 元和 72 元。在寿命

期内，1级和2级节能空调器较5级空调器分别能节约电费900元和720元，此外分别减排473kg和378kg粉尘、1735kg和1386kg二氧化碳、52kg和42kg二氧化硫、26kg和21kg氮氧化物等。

但由于节能空调器一般成本和售价都要比普通空调器高，因此实际上空调器在生命周期内经济效益和社会效益要小于以上计算值。不过，即便考虑节能空调器在成本和售价方面的费用增加因素，选用节能空调器仍然具有显著的经济效益和社会效益，因此是一个利国利民的科学抉择。

知识衔接

节约1度电的环保效益

经过专业测算，每节约1度电相应可节省大约400g标准煤、4L水，大约减少排放272g粉尘、997g二氧化碳、30g二氧化硫、15g氮氧化物等污染物。

15. 如何平衡人体舒适和节能的关系？

有专家认为，我们人体的平均体温为36℃～37℃，人体在低于体温10℃左右的环境中是比较舒适的。从节能的角度讲，一台空调器如果把温度调高1℃，那么它运行10小时就能节约0.5度电。因此26℃正好是人体舒适和节能的“黄金分割点”。

我国制定的公共建筑空调温度控制标准，就是希望通过合理控制空调温度来节约宝贵的能源。该控制标准要求，所有公共建筑都要设定室内空调温度限定值。例如，夏季室内空调温度设置不得低于26℃，冬季室内空调温度不得高于20℃。

在建设生态文明的大潮中，我们应当把节能理念变为切实可行的措施，为构建美丽中国做出不懈的努力。据悉，把夏季室内

空调的温度调高 1℃，并不会影响人们的舒适度，而它所带来的节能效果是非常明显的。据测算，把空调制冷温度每调高 1℃，可节电 10%左右；把空调制热温度每调低 2℃，可节电 10%左右。

16. 为什么空调器与电风扇配合使用能省电?

在夏季，选择电风扇配合空调器使用的降温方案，不仅可使室内的冷气较均匀地分布，而且可以获得比空调器设定温度低 1～2℃的感觉，还可以预防“空调病”的发生。

把电风扇放在空气流通的门窗旁边，白天让风扇向室外吹，晚上让风扇向室内吹，可达到较佳的送风效果。一般来说，扇叶直径越大的电风扇电功率越大，消耗的电能也越多。所以，应尽量选用叶片直径比较小的电风扇。并且，电风扇的耗电量与扇叶的转速成正比，因此最快挡与最慢挡的耗电量可以相差 40%。

电风扇的功率大约只有空调器功率的 5%～10%。在开启空调器的同时，可以打开电风扇的中挡或慢挡，有模拟自然风功能的尽量选用“自然风”，这样可以节省不少电能。

17. 如何利用空调开关机“时间差”来节电?

① 在设定空调器制冷温度时，应本着“先高后低”的原则，利用这个时间差来节电。有不少人习惯在开启空调时先把制冷温度降到很低，以为先把温度降到最低再慢慢地调高会省电。其实，这种做法不仅不会节电，而且对健康不利。原来，在较高温度下启动空调更为省电。因此，可以在设定的较高温度下启动空调器，并维持送风工作状态，5～10 分钟后再降至更低的温度，这样可以节省电能。

② 在出门前提前关空调，充分利用冷气的惯性，可以节省一部分电能。在外出前 20～30 分钟，可以先关闭空调器的制冷

功能，即由制冷改为送风。此时，应检查空调房的密闭性，窗户一定要关严，光照太强时可以拉上窗帘，以防止房内冷气的流失。在离家前10分钟关闭空调器，同样可以使人感觉到凉爽。

18. 空调房选择什么样的玻璃窗更节能？

如今，玻璃窗在外墙面积中占有较大的比例，因此空调房的节能水平在很大程度上取决于玻璃窗的隔热能力。目前，建筑外窗分为单层玻璃窗、中空玻璃窗、真空玻璃窗等类型。从节能的角度看，中空玻璃窗和真空玻璃窗都具有很好的保温性能，因此能降低空调的耗电量。

原来，中空玻璃由两层玻璃构成，两层玻璃构造之间形成了密闭空气间层，中间充入干燥气体，框内充以干燥剂，以保证玻璃片之间空气的干燥度。该空气间层的热阻远大于单层玻璃的热阻，所以中空玻璃的保温性能要远优于单层玻璃。中空玻璃形成的空气间层，起到了减小外窗传热系数的作用，因此可以有效降低室内外的热传导作用，从而达到节省夏季空调制冷和冬季空调制热的用电量。图1-3为中空玻璃窗的构造图。

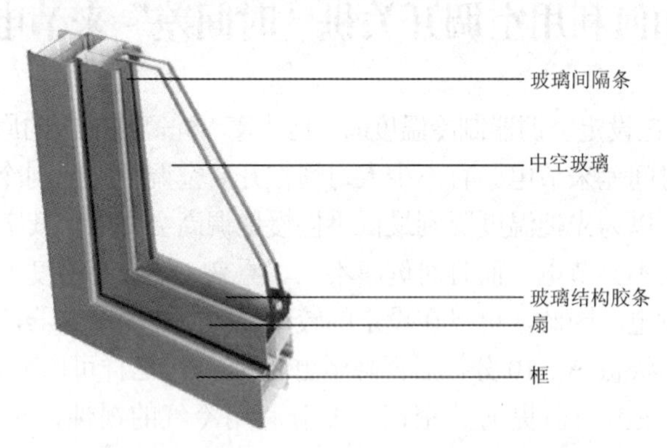

图1-3 中空玻璃窗的构造

19. 为什么变频空调器能节电?

有专家认为，变频空调器属于高技术含量的节能产品，因此代表了空调器技术的发展趋势。使用变频空调器能否省电，是存在一定条件的。由于变频空调器对使用环境的要求相对苛刻，如要求在运行过程中热负载要小，设置的温度与环境温度温差不能太大，而且使用时间要在 6 小时以上。只有在满足上述几个重要条件的情况下，变频空调器的运行功率才会低于平均功率，才能处于省电状态。

变频空调器节电主要集中在减少启动次数的节能和低频运行时的节能两个方面。普通定速空调器的启动电流大约为运行电流的 5～7 倍，因此定速空调器反复启动时的耗能是很大的。而变频空调器在启动时具有“软启动”的功能，即电流慢慢从零上升到最大，并进入高频运转阶段。经过一段时间的运行达到设定温度之后，变频空调器就会马上进入低转速运行状态。由于变频空调器省去了频繁的关机和停机，所以会省去不少启动耗能。同时，变频空调器在达到室温控制之后长时间处于低速运转状态，因此也可以节约一部分电能。

目前，国内空调器用户的使用习惯和环境，并不能保证变频空调器处于最佳运行状态，特别是变频空调器在没有达到设定温度之前，就一直处于高频运转状态，此时的耗电量是非常大的，这也是变频空调器需要长时间运行之后才能省电的原因。实验室测试对比显示，变频空调器开机 7～8 小时，比普通定速空调器节电近 30%。

20. 为什么双级压缩空调器能节电?

俗话说，压缩机是空调器的心脏。降低压缩机的能耗，是提高空调器能源利用效率的关键。实践证明，为空调器配置两个大小不同的压缩机，可节省近35%的能源。

对于传统空调器来说，一台空调器只有一个压缩机。单级压缩机在运行一段时间达到设定的温度后，压缩机就会自动停止工作，等室内温度发生变化后再重新启动运行。而实际上此时需要补充的冷量（或热量）很少，完全没有必要由大功率的压缩机来完成，因此单级压缩机在这个环节会浪费不少电能。

而双级压缩空调器，为了减少上述环节的电能浪费，配置了两个大小不同的压缩机，在需要补充的冷量（或热量）很少的情况下，利用小功率的压缩机来运行，这样就可把传统空调器不得不浪费的电能节省下来。

传统单级压缩机只能对冷媒进行一次加压做功，这种压缩方式只能满足空调器在常规工况环境下的正常使用。当室外环境处于极低温度时，传统空调器的制热效率就会大幅度降低。而双级压缩空调器，将原先压缩机只有一次的压缩过程升级为两次压缩过程，这种分两级的压缩过程不仅使压缩机本身的负担大大减轻，而且使得每次压缩的效率大大提高。

21. 为什么合理使用睡眠功能能节电?

空调器的睡眠功能原本不是为节电而设计的，但是合理使用睡眠功能能收到节电的效果。由于“睡眠运行”功能在实际运行中能减小室内外的温差，从而使空调器压缩机的运行时间缩短，

缩短压缩机的运行时间就达到了节电的目的。

通过遥控器可以为空调器设定一个“睡眠运行”功能，以保证人们在睡眠时获得更舒适的享受。“睡眠运行”又称“睡眠方式自动控制”，是按照人体的生理特点设计的。人们在入睡以后，体温调节中枢反应往往会变得迟钝，因此更容易受到寒冷的侵袭。如果不能采取相应的保护措施，长时间的寒冷侵袭是有害健康的。在空调器的制冷模式状态下，当空调器接收到遥控器的“睡眠运行”指令后，在睡眠运行 1 小时之后，空调器就会自动地逐步将室温调高 1℃～3℃。而当室温达到睡眠的理想温度时，空调器就会自动维持着这个温度水平。这无疑对人体健康是十分有益的。

22. 为什么要强调提前换气少通风？

从健康的角度讲，预防“空调病”应从通风换气做起。然而，从节能的角度讲，少开门窗是节能的重要前提。那么，应如何处理通风和节能的矛盾呢？

有人提出的“提前换气少开门窗”的方案，无疑是一个两全其美的方案。所谓“提前换气”，是说要在使用空调之前，就把房间的空气换好。所谓“少开门窗”，是说在使用空调的过程中，要尽量控制开关门窗的频率。

有资料显示，房间的空气渗透对空调负荷具有重要的影响。当房间的换气次数从每小时 0.5 次增至每小时 1.5 次时，设计日冷负荷及运行负荷分别要增加 41%及 27%。如果需要关掉空调为房间通风换气，那么最好能在开窗前 20 分钟就关闭空调，以防止冷气的大量损失。如果需要在空调的运行过程中进行换气，那么建议开窗的缝隙不要超过 2cm。

23. 为什么通风换气要讲时间段?

通风换气选择最佳时间段可以最大限度地利用自然条件，从而达到节约能源的目的。

例如，在清晨气温较低的时候通风换气，到八九点太阳辐射较强时，立即关闭门窗隔热。这样不仅可以让室内的空气更清新，而且可以节约更多的电能。

在晚间室外温度下降时，再开一次窗进行通风换气，则可以最大限度地利用自然低温的条件，既节约了电能又改善了室内空气质量。

24. 为什么硅藻泥内墙面能降低空调器能耗?

硅藻泥是一种天然环保的内墙装饰材料，可以替代墙纸和乳胶漆用于家居内墙装饰。硅藻泥是以硅藻土为主要原料制成的一种粉末装饰涂料，主要成分为蛋白石，具有净化空气、防火阻燃、呼吸调湿、吸音降噪等特点。特别是硅藻泥具有的呼吸调湿功能，可以减少空调器的电能消耗。

为什么硅藻泥内墙面能降低空调能耗呢？硅藻泥产品具备独特的“分子筛”结构和选择性吸附功能，可以有效去除空气中的游离甲醛、苯、氨等有害物质及其他异味，从而净化室内的空气。同时，随着不同季节及早晚环境空气温度的变化，硅藻泥可以吸收或释放水分，从而自动调节室内的空气湿度，使之达到相对平衡。

利用空调器进行室内温度和湿度调节，需要消耗大量的能源。而利用硅藻泥背景墙调节室内的湿度，不仅可以显著提高人

体的舒适度，还可以节约不少电能。一方面，硅藻泥背景墙具有的吸放湿能力可以维持房间内的正常相对湿度，减少空调器的电力能耗。另一方面，由于湿度调节使人体舒适度提高，室内空调的温度设定可以由原来的 26℃提至 27℃，因此又可减少空调制冷 10%的电耗。

25. 洗衣机的能效等级是如何划分的?

根据《电动洗衣机能耗限定值及能源效率等级》（GB 12021.4—2004）规定，洗衣机的能效等级分为 1、2、3、4、5 五个等级，1 级表示能源效率最高。洗衣机的能效等级是依据其耗电量、用水量和洗净比的大小确定的。表 1-4 为洗衣机能效等级表。

表 1-4　洗衣机能效等级

<table>
<tr><th rowspan="2">能效等级</th><th colspan="3">波轮型洗衣机</th><th colspan="3">滚筒型洗衣机</th></tr>
<tr><th>耗电量/[kW·h/（cycle·kg）]</th><th>用水量/[L/cycle·kg]</th><th>洗净比</th><th>耗电量/[kW·h/（cycle·kg）]</th><th>用水量/[L/cycle·kg]</th><th>洗净比</th></tr>
<tr><td>1</td><td>≤0.012</td><td>≤20</td><td>≥0.90</td><td>≤0.19</td><td>≤12</td><td>≥1.03</td></tr>
<tr><td>2</td><td>≤0.017</td><td>≤24</td><td rowspan="2">≥0.80</td><td>≤0.23</td><td>≤14</td><td rowspan="2">≥0.94</td></tr>
<tr><td>3</td><td>≤0.022</td><td>≤28</td><td>≤0.27</td><td>≤16</td></tr>
<tr><td>4</td><td>≤0.027</td><td>≤32</td><td rowspan="2">≥0.70</td><td>≤0.31</td><td>≤18</td><td rowspan="2">≥0.70</td></tr>
<tr><td>5</td><td>≤0.032</td><td>≤36</td><td>≤0.35</td><td>≤20</td></tr>
</table>

知识衔接

洗衣机有关名词解释

① 洗衣机工作周期（washing cycle）：按照被测洗衣机所具备的功能（如洗净、漂洗、脱水、进水、排水等），完

成一次常用（标准）洗衣程序的全过程。

② 额定容量（rated capacity）：一次可处理干燥状态标准洗涤物的最大质量，以 kg 为单位。

③ 半载容量（partial capacity）：额定容量的一半，以 kg 为单位。

④ 洗衣机工作周期耗电量（electric energy consumption）：洗衣机在工作状态下，完成一个工作周期所消耗的平均电量，包括对洗涤用水加热所消耗的能量，单位为 kW·h/cycle。

⑤ 洗衣机工作周期用水量（water consumption）:洗衣机在工作状态下，完成一个工作周期所消耗的平均水量，单位为 L/cycle。

⑥ 单位功效耗电量（energy consumption per kilogram）：洗衣机工作周期耗电量与额定容量或额定容量和半载容量之比的平均值，单位为 kW·h/（cycle·kg）。

⑦ 单位功效用水量（water consumption per kilogram）：洗衣机工作周期用水量与额定容量或额定容量和半载容量之比的平均值，单位为 L/（cycle·kg）。

26. 如何识别洗衣机的“节能身份证”？

根据《电动洗衣机能耗限定值及能源效率等级》规定，洗衣机的能效等级分为 1、2、3、4、5 五个等级，节能评价指标为洗衣机能效等级的 2 级，即 1 级、2 级为洗衣机节能认证的指标。通过洗衣机的“节能身份证”，我们可以了解洗衣机的能效等级，以及耗电量、用水量和洗净比指标的大小。

知识衔接

洗衣机节能评价指标

洗衣机类型	耗电量/[kW•h/（cycle•kg）]	用水量[L/（cycle•kg）]	洗净比
波轮型/全自动搅拌型洗衣机	≤0.017	≤24	≥0.80
滚筒型洗衣机	≤0.23	≤14	≥0.94

27. 为什么说节能节水是未来洗衣机的发展方向?

在 2012 年年底，我国已完成洗衣机能效标准的修订工作，标准更名为《电动洗衣机能耗、水耗限定值及等级》，将有望取代《电动洗衣机能耗限定值及能源效率等级》标准。

修订稿对各类型洗衣机的耗电量限定值、用水量、洗净比指标及能效等级指标进行了全面的修改，明确了未来洗衣机节能节水的发展方向。主要表现为，一是修订稿大幅度提升了洗衣机的单位功效耗电量限定值，二是大幅度提升了洗衣机的单位功效用水量限定值。总体来看，现行标准中能效 2 级和能效 3 级的指标分别与修订标准能效 4 级和 5 级的要求相同。

新标准确立的节能节水导向，将对我国建设节能节水社会具有重要的指导意义。我国在 2012 年启动的节能补贴政策规定的高效节能电动洗衣机，其耗电量、用水量、洗净比指标基本上与新修订标准的能效 3 级和 4 级水平相当。

知识衔接

洗衣机能效等级

（2012年送审稿）

能效等级	波轮型全自动洗衣机和双桶洗衣机			滚筒型洗衣机		
	耗电量/[kW·h/(cycle·kg)]	用水量/[L/(cycle·kg)]	洗净比	耗电量/[kW·h/（cycle·kg）]	用水量/[L/（cycle·kg）]	洗净比
1	≤0.011	≤10	≥0.80	≤0.110	≤7	≥1.03
2	≤0.013	≤16		≤0.130	≤8	
3	≤0.015	≤20		≤0.150	≤9	
4	≤0.017	≤24		≤0.170	≤10	
5	≤0.022	≤28		≤0.190	≤12	

28. 为什么使用模糊洗衣机能节水节电？

我们知道，利用洗衣机洗涤衣服，其洗涤效果往往取决于机械力、洗涤剂、水温及衣服的种类和污染程度。机械力就是洗衣机通过水流来模拟人工揉搓等动作的能力，不同类型的洗衣机具有不同的机械力。洗涤剂的种类很多，应根据不同的衣物选择合适的洗涤剂，其中加酶洗涤剂对洗涤效果具有重要影响。至于水温，一般来说水温越高其洗涤效果越好。衣服的种类主要有棉纤维和化学纤维之分，化学纤维衣服要比棉纤维衣服好洗一些。

模糊洗衣机中拥有检测各种状态的传感器，主要包括负载量传感器、水位传感器、水温传感器、布质传感器、洗涤粉传感器、光电传感器。其中，负载量传感器主要用于检测洗涤衣服的多少，水位传感器用来确定水位的高低和衣服吸水能力的大小，布质传感器用来测定所洗衣物属于棉纤类还是化纤类，洗涤粉传感器主

要测定洗涤粉的种类，光电传感器可以根据衣物洗涤过程中洗涤循环水的透光率（脏污程度）决定最佳的洗衣程序。

模糊洗衣机可根据各种传感器中得到的数据，按照数值的大小分成若干种不同的挡次，如水温分高、中、低，衣服分少、一般、多等挡次。事实上，洗衣挡次分得越细，洗涤的精度就越高。例如，如果洗涤的衣物负载比较小，并且为化纤衣服，水温又比较高，那么模糊洗衣机就会用较小的机械力和较短的洗涤时间来洗涤。因此，模糊控制方式能够根据具体洗涤情况自动修改原有的洗涤程序，也具有更加节能环保的优势。

29. 如何根据洗涤衣物的多少选择洗衣机的水位?

一般地，全自动洗衣机都设置有若干水位挡，用户可以根据洗涤衣物的多少来合理选择水位挡的高低。事实上，当洗涤衣物不多时，如果选择了高水位挡，那么不仅会造成水资源的浪费，同时也增大了洗涤剂的使用量。

洗衣机水位挡的设置应与洗涤衣物的多少挂钩，如果洗涤衣物量大则宜选高挡位，洗涤衣物量少则宜选低挡位。在设计洗衣机时，一般把干衣物的额定值（kg）与额定用水量（L）的比例关系称为“浴比”。简单来说，“浴比”就是洗 1kg 衣物的用水量。有资料介绍，滚筒型洗衣机的浴比小于 13，搅拌型洗衣机的浴比小于 15，波轮型洗衣机的浴比小于 20。

“浴比”反映了洗衣机的耗水量，浴比大的洗衣机用水多，浴比小的洗衣机用水少。随着洗衣机技术的不断进步，节水节能设计层出不穷。目前洗衣机的水位设定方法大致有 3 种：人工设定（普通双桶洗衣机）、水位开关或水位传感器设定（半自动和微电脑全自动洗衣机)、自动设定(模糊控制洗衣机)。对于特定的洗衣机来说，应当根据洗涤干衣物重量的多少，合理选择适当的水位。

有些洗衣机在洗衣桶内壁设置有水位线标志，用户可以方便地掌握或估量每次洗涤的用水量。例如，一台额定洗衣容量为 2kg 的洗衣机，当洗涤 2kg 干衣物时，一般选用高水位；如洗涤 1kg 干衣物时，则可选用低水位。但如果洗涤的这 1kg 干衣物是大件衣物时，那就可以选用介于高、低之间的水位，以免影响衣物的洗涤效果。有些洗衣机在控制面板上设置有水位选择键，用户可以根据衣物多少和经验来选择。

知识衔接

洗衣机水效等级

(2012 年送审稿)

洗衣机水效等级	用水量/[L/(cycle・kg)]
1	8
2	12
3	16
4	20
5	28

30. 如何缩短洗衣机的工作时间?

我们知道，洗衣机的耗电量与使用时间的长短直接相关。在保证洗涤质量的前提下，尽量缩短洗衣机的工作时间，无疑是节约电能的一个重要途径。

① 应将衣物先浸泡后洗涤。在洗涤前，先将衣物在洗衣粉溶液中浸泡 20 分钟，让洗涤剂与衣服上的污垢起作用，然后进

行洗涤。这样，可使洗衣机的运转时间缩短一半左右，电耗也就相应减少了一半，同时还可以减少洗衣机的磨损。

② 应尽量使用低泡沫洗涤剂。其实，洗涤剂的出泡多少与洗涤能力之间并没有必然的联系，甚至优质低泡洗衣粉或皂粉更容易被漂洗干净。一般来说，低泡洗衣粉要比高泡洗衣粉少漂洗一两次，这样省水、省电的效果是非常明显的。

③ 应注意控制脱水时间。有资料显示，在转速为 1680 转/分的情况下，脱水 1 分钟就可达到 55%的脱水率。一般来说，衣物在洗涤后脱水 2 分钟就可以了。如果无谓地延长脱水时间，那么其脱水效果的提高值往往并不明显，反而会徒增电能消耗。

④ 应尽量集中足量衣物再使用洗衣机洗涤。如果一次洗涤只有少量衣物，那么单位衣物的耗电量和耗水量都会很高，是极不划算的。如果能把要洗的衣物集中起来，那么不仅可以提高洗涤剂的利用效率，而且可以减少洗涤和漂洗次数，从而最大限度地降低电能消耗。

31. 为什么要在洗衣前进行浸泡和预洗?

实践证明，经过浸泡和预洗的衣物，在机洗后的洗净比要比一次性洗涤更高一些，而且还能达到节水、节电和节省洗涤剂的目的，也能减少机洗对衣物的过多磨损。

一般来说，可先将待洗衣物浸泡 20～30 分钟，这样更有利于衣物的洗净。对于脏度高的衣物，可选好程序先预洗一会儿，断开电源浸泡几小时后，再接通电源重新洗涤，这样可使洗涤效果更好。对于袖口、领子等较脏的部位，可先用领洁净涂浸或涂上肥皂先搓洗一遍，这样有利于节水和节电。

对于较脏的衣物，可先从预洗开始进行洗涤。即先用清水洗涤 2～3 分钟，这样可将一部分油脂、固体污垢及水溶性污垢去除，这对棉、毛等亲水性纤维织物的效果较好，但对于尼龙、涤纶等疏水性衣物的效果不是很明显。

32. 为什么分类洗涤能节能?

① 应将不同种类的衣物分开进行洗涤。根据衣物的质料选用不同的洗涤程序：棉织品程序、化纤织品程序、羊毛羊绒织品程序。一般合成纤维和毛丝织物洗涤 3～4 分钟；棉麻织物 6～8 分钟；极脏的衣物 10～12 分钟。

② 应对脏污程度不同的衣物分别确定洗衣时间。根据衣物的脏污程度选择不同的起始洗涤程序，对于不太脏的衣物可选用快速洗涤程序，这样可以省水、省电、省时间。

③ 应将浅色衣物与深色衣物分开进行洗涤。在进行浸泡、洗涤、漂洗时，将浅色衣物与深色衣物分开，按从浅到深的顺序进行操作。这样不仅可避免深色衣物浸染浅色衣物，而且可根据脏污程度选择合理的洗涤时间，有利于节电。

④ 应将薄厚不同的衣物分开进行洗涤。质地轻柔偏薄的衣物，洗衣机在 5 分钟内就能洗干净；而比较厚重的衣物要 15 分钟左右才能洗干净。所以，薄厚不同的衣物应分开进行洗涤。这样可以缩短洗衣时间，因此也更省电。

知识衔接

洗涤剂添加量与水位的关系

洗涤剂添加量一般可按用水量来计算，最佳的洗涤液浓度为 0.1%～0.3%。以额定洗衣量 3kg 的洗衣机为例，在洗衣量比较少时，可选用低水位挡位，一般加约 40g 低泡洗衣

粉即可；至于洗衣量比较多的时候，可选用高水位挡位，一般加约 65g 低泡洗衣粉即可。

洗衣量、水位、洗涤剂添加量三者间的对应关系

洗涤衣物/kg	水位	合成洗涤剂添加量/g
1	低（25L）	35～45
2	中（40L）	50～60
3	高（50L）	60～70

33. 洗衣机程序中强洗和弱洗哪个更省电？

有些洗衣机在程序中设置有弱洗、标准洗和强洗工作方式。其实这 3 种洗涤方式并没有改变波轮的转速，而只是改变了波轮“转”与“停”的时间比。那么，强洗和弱洗哪个更省电呢？

在能耗水平上，“强洗”要比“弱洗”省电。这是为什么呢？原来，在同样长的洗涤周期内，“弱洗”工作要比“强洗”改换叶轮旋转方向的次数更多，因此电动机启动的次数也就较多。由于电机重新启动的电流是额定电流的 5～7 倍，所以“弱洗”反而比“强洗”更费电。

据测算，一台 150W 的洗衣机每天使用一次，每次 10 分钟，用“强洗”比用“弱洗”每天可省电 0.125kW・h，一个月可省电 3.75kW・h。

有专家表示，洗衣机的 3 种洗涤方式分别适用于不同的衣物，应根据织物的种类和脏污程度来选择使用哪种方式。

知识衔接

洗衣机洗涤方式

① 弱洗：轻柔洗，适合于洗涤轻薄而松软的衣物。波轮向一个方向旋转4秒，停8秒，再向另一个方向旋转4秒，停8秒，反复循环。

② 标准洗：正常洗，适合于洗涤一般材料的衣物。波轮向一个方向旋转25秒，停5秒，再向另一个方向旋转25秒，停5秒，反复循环。

③ 强洗：波轮长时间连续一个方向旋转，适合于洗涤很脏或厚实的衣物。

34. 使用洗衣机时如何节约用水?

这里所说的“节约用水”，是指在保证洗涤效果的前提下减少水资源的用量。

① 选用节水型洗衣机。为配合建设资源节约型和环境友好型社会，全国家用电器标准化技术委员会正在酝酿制定《家用节水型洗衣机技术要求》，将对洗衣机用水量限值和节水等级进行量化，并分别确定波轮型洗衣机、搅拌型洗衣机和滚筒型洗衣机的用水效率等级。

② 节约洗涤剂的用量。事实上，洗涤剂的用量多少，直接影响衣物漂洗的用水量。当然，洗涤剂的用量多少，应根据洗衣量的多少和衣物的脏污程度而定。如果过多使用洗衣粉，那么不仅无益于提高洗净比，而且会因泡沫增多而增加漂洗的次数，从而浪费大量的水资源。

③ 减少漂洗的次数。衣物在洗涤液中洗涤后，应当先甩干再

放入清水中漂洗，这样可以减少用水量。如果不经甩干（脱水）就漂洗，那么漂洗的次数自然增多，不利于节约用水。第一次的漂洗物经甩干后，再进行第二次漂洗，这样可以减少漂洗次数。

④ 多次利用洗涤液和漂洗水。做好洗涤液和漂洗水的再利用，是节约用水的一个新方法。对于双桶洗衣机来说，也可以在脱水桶内采取边喷淋、边脱水的方法进行漂洗。

35. 洗衣机的漂洗方式有哪些?

漂洗是洗衣机洗涤衣物的主要程序之一，其主要目的是清除残留在被洗衣物上的洗涤剂和浮附污垢。目前洗衣机所采用的漂洗方式主要有贮水漂洗、溢水漂洗、喷淋漂洗和喷雾漂洗等。

① 贮水漂洗：将被洗衣物投入贮满清水的洗涤桶内进行漂洗，在清水的翻滚冲刷下使残留在衣物上的洗涤剂和浮垢脱落在水中。一般经过两三次的换水和脱水，可以达到最后漂清的目的。这种漂洗方式的漂洗效果好，但水电消耗量大，织物磨损也大。

② 溢水漂洗：在设有溢水装置的洗涤桶内进行的漂洗操作，即将被洗衣物投入注满清水的桶内，清水源源不断地注入，而含有洗涤剂和浮垢的浑浊水持续不断地从溢水口管道排出桶外，如此持续进行到衣物漂清为止。这种方式的漂洗效果很好，但耗水量也最多。

③ 喷淋漂洗：在双桶洗衣机的脱水桶内进行的漂洗操作，即将被洗衣物投入脱水桶内注入清水，通过设在脱水桶上端的淋水装置进行漂洗，从而把衣物上的洗涤剂残留物和浮垢甩出桶外。这种方式的漂洗效果和水电消耗一般，对织物的磨损比较小。

④ 喷雾漂洗：首先将被洗衣物投入置有喷雾管的脱水桶中，在漂洗时不断向喷雾管注入清水，喷雾管同脱水桶做高速旋转，靠离心力作用从喷雾管向周围衣物做雾水状喷淋，稀释衣物上的

洗涤剂残留物和浮垢，并一次次地将浑浊水甩出桶外。这种方式的漂洗效果一般，但耗水量最少，织物磨损也小。

知识衔接

家用洗衣机的漂洗与节约的关系

下表是以某型号的6.0kg滚筒型全自动洗衣机为研究对象，测得的关于漂洗率与水电消耗量的数据。从中可以看出，随着漂洗次数的增加，洗衣粉的去除量也在逐渐减少。如果取消后两次漂洗，则可以节水37.4%，节电5.9%。所以说，合理选择漂洗次数可以达到节水、节电的目的。

洗衣机漂洗率与水电消耗量

时间	项目	漂洗率/%	单次漂洗率/%	用水量/L	耗电/（kW·h）
30分钟	60℃洗涤	—	—	16.8	0.8727
15分钟/次	1次漂洗	72.07	72.07	13.0	0.0246
	2次漂洗	91.27	19.20	16.9	0.0354
	3次漂洗	97.71	6.44	13.8	0.0289
	4次漂洗	98.99	1.28	17.9	0.0298
	5次漂洗	99.46	0.47	18.2	0.0307
总计				96.6	1.0212

36. 购买多大容量的电冰箱比较合适?

电冰箱的容量大小，是用容积衡量的。那么，家庭使用电冰箱多大容量比较合适呢？

一般来说，家庭选用电冰箱应综合考虑家庭人口、经济状况及生活习惯等情况。

通常情况下，一口之家使用一个100L以下的小型电冰箱就

可以了，二三口之家可以选用 100～150L 的电冰箱，四五口之家则可以选用 150～200L 的电冰箱。当然，经济条件比较好的家庭，或者喜欢在电冰箱中存放大量食品的家庭，也不妨选择更大容量的电冰箱。但电冰箱的容量越大，耗电量也就越多。

在同样容量的情况下，冷藏容积和冷冻容积的相对多少，也会影响到电冰箱的使用性能。一般的电冰箱，冷藏容积都是大于冷冻容积的，这种情况比较适合于习惯存放水果、蔬菜及饮料的家庭。而对于习惯存放肉类、鱼类海鲜类食品的家庭来说，选择冷冻容积较大的电冰箱比较合适。如果喜欢吃新鲜食品而不需要长时间储存食品的话，选择变温电冰箱也是一个不错的选择。

不过，电冰箱冷冻容积加大会增加电能的消耗。据悉，电冰箱冷藏室容积相差 30L，其耗电量是基本不变的。而冷冻室增加 30L，其耗电量每天要增加约 0.2kW·h。一般地，家用电冰箱的冷冻室也不宜太大，冷冻室太大不仅会增加电能的消耗，同时长时间冷冻食品也会造成营养成分的损失。

37. 为什么电冰箱也需要凉爽的环境?

从节能的角度考虑，电冰箱需要放在凉爽的环境之中，这样才有利于提高电冰箱的制冷效率。

在安放电冰箱的时候，应当选择一个通风良好、阴凉干燥的地方，并避免太阳光的直射。在相同的条件下，电冰箱使用环境温度升高，漏入电冰箱内的热量就会增加，冷凝器的散热能力就会下降，压缩机的运转时间也会加长，因此其耗电量就越大。实验证明，若以环境温度 20℃时的耗电量为 100%计算的话，当环境温度上升 5℃时，耗电量增加 5%以上；当环境温度下降 5℃时，耗电量可减少 15%左右。

因此，选择一个通风条件好的位置安放电冰箱，十分有利于电冰箱的散热，相应的耗电量就会减少。还应注意在电冰箱的附近不要放置电烤箱、煤气灶等热源，以防这些热源会提高电冰箱周围环境的温度，从而增加电冰箱的耗电量。

38. 如何识别电冰箱的能效标识？

电冰箱的能效标识是粘贴在电冰箱上的一种标签，能够突出表明该产品能源消耗量的大小和能效等级。通过这个标签可以判断该电冰箱的能效等级和使用成本。

电冰箱能效标识的信息内容包括产品的生产者、型号、能源效率等级、24 小时耗电量、各间室容积、依据的国家标准号。

不同等级分别由不同的颜色和长度表示。最短的是深绿色，代表“未来四年的节能方向”，也就是国际先进水平，其次是绿色、黄色、橙色和红色。等级指示色标是根据色彩所代表的情感安排的，其中红色代表禁止，橙色、黄色代表警告，绿色代表环保与节能。

39. 电冰箱的能效等级是如何划分的？

按照国家推出的最新标准《家用电冰箱耗电量限定值及能源效率等级》（GB 12021.2—2008）规定，把电冰箱分成 1、2、3、4、5 五个等级。其中：1 级表示产品最节电，2 级表示比较节电，3 级表示产品的能源效率为市场的平均水平，4 级表示产品能源效率低于市场平均水平，5 级表示耗能高。5 级是市场准入指标，低于该等级要求的产品不允许生产和销售。表 1-5 为电冰箱的能效等级与能效指数。

表 1-5　电冰箱的能效等级与能效指数

（GB 12021.2—2008）

能效等级	能效指数 η	
	冷藏冷冻箱	其他类型（类型 1、2、3、4、6、7）
1	$\eta \leqslant 40\%$	$\eta \leqslant 50\%$
2	$40\% < \eta \leqslant 50\%$	$50\% < \eta \leqslant 60\%$
3	$50\% < \eta \leqslant 60\%$	$60\% < \eta \leqslant 70\%$
4	$60\% < \eta \leqslant 70\%$	$70\% < \eta \leqslant 80\%$
5	$70\% < \eta \leqslant 80\%$	$80\% < \eta \leqslant 90\%$

40. 为什么选择直冷式电冰箱更省电？

根据电冰箱的内冷却方式不同，主要有直冷式和风冷式两类电冰箱。

直冷式电冰箱的结构比较简单，冻结速度较快，耗电也比较少。而间冷式电冰箱的结构比较复杂，冻结速度也比较慢，而且自动除霜系统通过热蒸发来除霜，因此除霜加热系统也是需要消耗电能的。风冷式电冰箱的除霜是由电冰箱自动完成的，不需要用户手动处理。在除霜时，电冰箱暂停制冷，启动除霜加热系统。凝结在蒸发器上的霜受热后会变成水，再通过专用的导管排出（或直接蒸发成水蒸气）。所以，风冷式电冰箱的耗电量要比直冷式电冰箱大。

为了节约电能，最好选择直冷式电冰箱。如果用户对耗电指标没有太高要求，而又不愿意人工除霜，则可以选择风冷式电冰箱。

知识衔接

直冷式电冰箱和风冷式电冰箱的优缺点对比

冷气传递方式	优　点	缺　点
直冷式电冰箱（有霜）	① 结构简单，故障率相对较低，成本也比较低。 ② 制冷原理直接可靠，相对来说更为节能省电。 ③ 密闭空间自然对流，空气湿度比较大，食物的水分不易流失	① 结霜会影响蒸发器的吸热制冷，从而降低制冷效率。 ② 用户需要手动除霜，费时费力。 ③ 由于电冰箱冷量分布不均匀，因此电冰箱内存在冷冻死角，制冷效果较差。 ④ 空气湿度较大，容易造成冷冻室食物冻在一起
风冷式电冰箱（无霜）	① 基本不结霜，避免了用户手动除霜的麻烦。 ② 强制冷气循环使得电冰箱的制冷速度更快，冷气分布也更加均衡。 ③ 温度均匀，因此温度控制更加精准。 ④ 电冰箱内部湿度较小，食物不会冻在一起。循环冷气也让电冰箱的气味相对清新	① 结构复杂、价格较高、故障率高。 ② 冷气循环流动和自动除霜都会增加能耗，因此耗电量较大。 ③ 水分蒸发较快，食物水分容易流失，如不采取措施，果蔬等食物很容易脱水变干

41. 为什么及时除霜能节电？

当冷冻室的结霜厚度达到 5～10mm 的时候，电冰箱的制冷效果就会明显变差，因而就会延长压缩机的相对工作时间，这样就相对增大了电冰箱的耗电量。所以，应及时进行除霜，以节约电能消耗。

原来，霜是热（冷）的不良导体，因此具有很大的热（冷）

阻。霜层的存在降低了蒸发器表面的热交换能力，因而可能会严重影响电冰箱的制冷效果。据悉，当电冰箱蒸发器表面结霜厚度大于 10mm 时，霜层的绝热作用会使传热效率下降 30%左右，因此制冷效率就会大大降低。

所以，当蒸发器上冰霜厚度达到 4～6mm 时就应当进行化霜了，以确保电冰箱具有良好的制冷能力。电冰箱定期化霜时间一般为 1～2 个月，将电源插头拔下等结霜自然化尽即可，然后插上电源运转 2 小时后再放入食品。有人测算，每个家庭如能及时为电冰箱除霜，仅此一项措施每年就可节电 184 度。

42. 为什么电冰箱化霜自动不如手动?

目前，仍有不少用户采用半自动化霜方法，为非自动除霜电冰箱化霜。虽然这种方法在蒸发器表面上的凝霜融化之后能自动启动压缩机恢复制冷循环，但在化霜开始时仍需要人工的参与，并且在化霜结束时箱内的温升比较高。尤其在冬季，由于电冰箱内温度上升缓慢，从而大大延长了化霜的时间，有时甚至长达数小时。因此，采用半自动化霜方式不仅加大了电能的消耗，而且不利于食品的保鲜储藏。

所以，在使用人工化霜型电冰箱时，一般不宜过多采用“半自动”化霜，而采用“人工化霜”的方法进行化霜往往具有多方面的优势。例如，采用“人工化霜”方法可自由掌握化霜的结束时间，从而减缓霜层的再次形成；在人工化霜的同时还能进行电冰箱的清洁工作，有利于延长电冰箱的使用寿命；再就是化霜时间比较短，在化霜结束时箱内的温度仍较低，再次通电工作后电冰箱能很快达到稳定状态，有利于食品的保鲜储藏。

知识衔接

塑料薄膜除霜能节电

在冷冻室内壁敷上一层塑料薄膜，在除霜时可以省时省事，可以节约电能。其方法为：在往冷冻室放入食物之前，先在冷冻室内壁敷上一层塑料薄膜，借助冷冻室的冷气可以很容易地贴敷到内壁上；然后再放入食物进行冷冻。

当需要进行除霜的时候，可以把已冷冻的食物迅速移入冷藏室暂存，只要撕下冷冻室的塑料薄膜就可以很快除霜了。把塑料薄膜抖干净后还可以再贴敷到冷冻室的内壁上，便又可以继续冷冻食物了。这个除霜过程只需一两分钟的时间，既省时又省电。

43. 如何进行人工除霜?

① 当电冰箱需要化霜时，应尽量选择电冰箱内食物比较少的时候进行除霜。可先将温控器旋钮旋至“最冷”挡，让电冰箱运行 20 分钟左右，使电冰箱内的食物具有较低的温度。

② 将冷冻室的食物放到冷藏室中，以保证食物的隔热保温。然后拔下电冰箱的电源插头，如果电冰箱面板上有开关的话，应先关开关再拔电源。

③ 打开电冰箱门，把抽屉都拿出来。在蒸发器上放一碗温水，关上箱门数分钟后，再重复换几次温水，直至冰块大面积脱落，再用软木铲轻轻铲去剩余的冰霜。在清洗电冰箱的抽屉时，尽量不要使用清洁剂，因为电冰箱比较封闭，清洁剂的气味不容易散去。

④ 用干净的湿毛巾反复抹擦有薄霜的地方，但千万不要使

用利器强行除霜。厚的霜反复擦几遍，也会加快霜融化的速度。把薄霜擦下来之后，再把电冰箱里的水擦干净。在除霜过程中，注意不要打开冷藏室的门。

⑤ 插上电冰箱的电源插头，等待温度差不多达到设定温度后，把冷藏室的食物移到冷冻室进行冷冻。

知识衔接

快速除霜小窍门

对于允许使用电吹风除霜的电冰箱来说，使用电吹风向冷冻室或蒸发器四壁吹热风的方法，可以显著缩短化霜的时间。

其方法为：先将电风扇或者电吹风对准冷冻室，然后开到最大挡位持续进行吹热风，从而让电冰箱里快速进行热量中和，以促进霜层的迅速融化。正确使用热水（放在容器中）进行除霜，也可以达到快速除霜的目的。但应注意不能用热水直接冲浇电冰箱内壁，以防热胀冷缩导致电冰箱内壁损坏。

44. 为什么不能频繁打开电冰箱的门?

为了减少电冰箱的耗电量，应尽量减少电冰箱的开门次数。频繁地打开电冰箱的门，会使电冰箱的耗电量明显增加，同时也会降低电冰箱的使用寿命。在打开箱门的同时，箱内的照明灯就会自动开启，这既消耗了电能又散发了热量，显然也不利于节能。

夏天，如果开一次电冰箱门按 15 秒计算的话，那么电冰箱内的温度很快就会上升到 18℃。而要让电冰箱内的温度恢复到原状，压缩机就得多工作 10 分钟，相应就要增加 3%～4%的能耗。所以，应尽量控制打开电冰箱门的次数。在平时开电冰箱门的时候，应当快取快放食品，减少打开电冰箱门的次数和时间。在关电冰箱门的时候，一定要检查电冰箱门是否关好。

如果需要打开电冰箱门，应尽量选择在电冰箱压缩机启动的时候开门，这样可以减少压缩机启动的次数，从而降低电冰箱的耗电量。要特别注意，在停电的时候尽量不要打开电冰箱的门，也不要往电冰箱里放食品，以减少电冰箱内冷量的散失。

45. 为什么要经常检查电冰箱门的密封情况？

电冰箱门的密封是否良好，直接影响电冰箱的绝热性能。当电冰箱门关闭时，箱内冷气泄漏量有70%左右是从门缝向外泄漏的。确保电冰箱门封与箱体的密封良好，磁性吸力满足密封要求，则可以减少冷气的逸散和外部热气的涌入，从而提高制冷效果。由于制冷效果的提高，压缩机启动的次数和工作时间就会减少，因而节约了电能。

在放置电冰箱的时候，选择一个坚固平坦的地方，并在调整脚架高度时注意把正面调得稍高一点，这样可以防止电冰箱门关闭不严现象的出现，因而能够减少电能的浪费。

46. 在电冰箱内存放多少食物比较合适？

从节能的角度讲，在电冰箱冷藏室内存放的食物，不应超出冷藏室容积的80%。

一般来说，电冰箱的耗电量与其内部储存的食物多少成正比。每台电冰箱具有的冷冻能力，决定了这台电冰箱的负载能力。在电冰箱工作的时候，电冰箱里面的冷气处于流动状态。如果储存的食物把电冰箱塞得很严实，那么冷空气的循环就会受到阻隔。由于制冷速度的减慢，耗电量自然就会增加。

在电冰箱内摆放食物应注意让食品与食品之间及食品与电冰箱内壁之间留有10mm以上的空隙，这样有利于电冰箱内的冷气流通，使电冰箱内的温度均匀稳定，以达到省电的目的。如果存放的食物过多，又不想让电冰箱超负荷运转，最好的办法就是将食物分批放入。

对于冷冻室来说，应尽量装满食物。这是因为如果冷冻室容积占用少的话，那么潮湿的热气就会进入其中，从而使冷冻室内易结霜影响其制冷效果，增加电能消耗。对于冷藏室来说，一般存放60%～70%的食物比较合适。

如果电冰箱内的食物过空，那么食物的热容量就会变小，当打开电冰箱门时冷气释放速度就会加快，增加了压缩机的启动次数。尽管电冰箱空载并不比电冰箱满载耗电多，但电冰箱食物过空时的单位食物负荷的能耗水平就会上升。

47. 如何调整电冰箱温度能节能？

每一台电冰箱都有一只温控器，可以通过调节挡位的位置来调节电冰箱内的温度。合理调节温控器的挡位，对于节约电能具有重要的意义。那么，应当如何调节温控器的挡位呢？

① 应当根据储藏食品的种类来调节电冰箱的温度。不同的食品具有不同的储藏温度要求，所以应根据储藏食品的种类来调节电冰箱的温度。一般食品在5℃～10℃的情况下，具有很好的保鲜效果，我们就没必要非把温控器的挡位调得很高。因为温控器挡位越高，电冰箱内的温度就越低，压缩机的开机时间就越长，相应的耗电量也就越多。

② 应当根据储藏食品的时限来调节电冰箱的温度。如果食品需要保存较长的时间，那么就应当把温度调得低一些。一般

来说，在－6℃的温度下保存食品，大约可以保鲜 10 天；而在－12℃的温度下保存食品，大约可以保鲜 30 天。如果在电冰箱内只是进行短暂的存放，两三天就要食用，那么完全没有必要把电冰箱温度调得过低。对于冷冻室的温度调节，一般只要能一直保持食品冻结的状态，保存一周左右的时间还是没有问题的。事实上，冷冻室温度调得越低，温度再下降的难度就会加大。如冷冻室用－18℃代替－22℃，则可节省 30%的耗电量。

③ 应当分步调节电冰箱的温度。在电冰箱内放好食物后，一般可分两三次把温度调整到最佳温度，每次调节应间隔 1～2 小时。而此时同样也会因内外温差大、冷量散失多而出现开机时间很长甚至不停机的现象。

④ 应当根据季节的变化来调节电冰箱的温度。例如，在冬天外界环境温度较低时，应把冷藏室的温度调到 2℃～4℃。而在夏天环境温度较高时，应将冷藏室的温度调到 6℃～8℃，这样才能达到节能的目的。如果在冬天还保持夏天设置的温度，则很有可能会发生压缩机停机现象。正确调整电冰箱的温度控制器，可以减少耗电。

48. 为什么不宜让磁性物质接近电冰箱？

电冰箱箱门的密封条一般采用软质聚氯乙烯挤塑成型，中间插入塑料磁条制成。其作用主要是密封箱门，不让外界的高温空气侵入箱内，同时不让箱内的冷气逸出。原来，电冰箱门体是靠门封内的磁条吸附在箱体上的。

箱门的密封好坏直接影响冷气是否泄露，进而影响电冰箱的耗电量。如果让磁性物质接近电冰箱，就很有可能减弱电冰箱门封内的磁条磁性，从而导致门体关不严或者出现“闪缝”现象，

严重的还会出现冷气泄露、制冷效率下降、压缩机不停机等现象。

所以，不要把扬声器等带磁性的电器放在电冰箱顶上，也不要把电视机和电冰箱放在一起，以免它们的磁性相互影响，出现电冰箱门体不严或影响电视收看效果等现象。

第二章　厨卫电器的节能

1. 微波炉的能效等级是如何划分的?

根据国家标准化管理委员会出台的《家用和类似用途微波炉能效限定值及能效等级》（GB 24849—2010）规定，微波炉产品分为1、2、3、4、5五个等级，1级产品最为节能，2级以上产品为节能产品，而5级产品属于耗能高产品。各等级产品的效率值应不低于表2-1微波炉的能效等级的规定。

表2-1　微波炉的能效等级

能效等级	效率值/%
1	62
2	60
3	58
4	56
5	54

注：微波炉效率　η可用下式计算：

$$\eta = Pt/W_n \times 100\%$$

式中：η——微波炉效率（四舍五入取整）；P——微波输出功率，单位为瓦（W）；t——加热时间，单位为秒（s）；W_n——输入能量（包括磁控管灯丝预加热时的损耗），单位为瓦秒（W·s）。

知识衔接

微波炉其他限定值

① 烧烤能耗限定值：具有烧烤功能的微波炉，每摄氏度温升的能耗应不大于1.4 W·h。

② 待机功耗和关机功耗限定值：微波炉的关机功耗和待机功耗应不大于1W；在待机模式时具有信息或状态显示（包括时钟）功能的微波炉，其待机功耗应不大于2W。从2011年7月1日开始，新推出的微波炉关机功耗和待机功耗应不大于0.5W；在待机模式时具有信息或状态显示（包括时钟）功能的微波炉，其待机功耗应不大于1W。

③ 目标能效限定值：本标准实施两年后的能效限定值为“微波炉的能效等级”表中的4级，烧烤能耗限定值为1.2W·h。

④ 节能评价值：微波炉的节能评价值为“微波炉的能效等级”表中能效等级的2级。

⑤ 加热均匀性：按照国家标准《家用微波炉 性能试验方法》（GB/T 18800—2008）中10.2的测试方法，带有转盘的微波炉加热均匀性应不小于70%，不带转盘的微波炉加热均匀性应不小于60%。

2. 如何识别微波炉的能效标识？

家用和类似用途微波炉能效标识为蓝白背景的彩色标识，长度最小为80mm，宽度最小为50mm，内容包括：①生产者名称（或简称）；②产品规格型号；③能效等级；④效率值（%）；⑤待机功耗（W）；⑥关机功耗（W）；⑦烧烤能耗（W·h）；⑧依据的能源效率国家标准编号。

不具有待机模式、关机模式和烧烤功能的微波炉，无须标注待机功耗、关机功耗和烧烤能耗。

3. 微波炉的加热方式有哪些独特之处?

微波炉是一种利用电磁波烹饪食品的厨房器具，它颠覆了依靠外界加热烹制食品的传统加热方式，采用了一种依靠食物内部摩擦生热的独特加热方式。

微波是一种频率非常高的电磁波，通常指 300～30000MHz 的电磁波。目前，国际上普遍使用的微波炉工作频率有两种：一般商用的微波炉容量比较大，它采用 915MHz 微波频率；家用微波炉由于其容量较小，微波工作频率为 2450MHz。

食品中总是含有一定量的水分，而水又是由极性分子组成的。当微波辐射到食品上时，这种极性分子的取向将随微波场而变动。由于食品中水的极性分子的这种运动，以及相邻分子间的相互作用，就会产生一种类似摩擦的现象，从而使水的温度升高。因此，食品的温度也就上升了。

微波炉加热的最大特点是加热均匀、速度快。一般的加热方法为加热周围的环境，以热量的辐射或通过热空气对流的方式使物体的表面先得到加热，然后通过热传导方式传导到物体的内部。这种方法效率较低，加热时间较长。而微波是在被加热物体内部产生，热源来自物体内部，加热十分均匀，有利于缩短加热时间和提高加热效率。

4. 为什么说微波炉的能量利用效率很高?

随着微波炉的普及，人们自然十分关心微波炉的能耗问题。有人认为微波炉的功率很大，因此十分担心使用微波炉会过于耗电。其实，这样的担心是没有必要的。

尽管微波炉的功率较大，但所需的加热时间很短，所以总耗电量并不是很大。而且微波加热方式相对于其他传统的加热方式，在节能方面具有很大的优势。

传统的加热方式是先把容器加热后再烹调食物，因此会有一部分能量被容器吸收。而微波加热主要是对食物中水分和油脂的加热，并且是内外同时进行的加热，不会加热盛放食物的容器，致使微波加热的热量损失很少。据悉，微波加热的热导率高达95%，位列所有的加热方式之首。所以，微波炉的能量利用效率很高，具有明显的节能优势。

5. 不同类型的微波炉是如何影响微波炉能耗的?

微波炉主要有机械型微波炉和微电脑型微波炉两种。相对而言，微电脑型微波炉具有更好的节能性。

目前国内普及率较高的微波炉是机械型微波炉。在使用时，用户可根据食物或被加热物品的种类和数量，通过操作旋转钮来调节加热时间和功率，从而达到比较理想的烹饪效果。

微电脑型微波炉一般采用单片微处理器进行控制，具有记忆、省电、预约、显示等功能，而这些功能是机械型微波炉所没有的。微电脑型微波炉还具有自动烹调程序控制、自动解冻控制、欠压和过压保护等多种功能。用户可以事先输入需烹饪食品的种类和重量，微波炉中的传感器和微处理器会根据食品烹饪的进行状况，以及食品的含水量、味道、湿度、重量的变化等因素，自动调节微波炉的加热时间和烹饪功率，因此具有更好的节能性。微电脑型微波炉更适合于年轻人和文化程度较高的人使用。

6. 如何选择适合自己的微波炉?

目前市场上常见的微波炉微波输出功率从500W～1000W不等。对于三四口人的家庭来说，一般500W的微波炉就够用了。但如果想要加快烹饪的速度，选择功率大一些的微波炉也很适用。功率大并不意味着多耗电，因为功率大可以缩短烹饪的时间。因此，对于4人以上的家庭则可以选择500W～800W的微波炉。在选择微波炉的微波输出功率时，也要考虑家庭电路和电表的负荷能力。

市场上常见微波炉的炉腔容积一般有17L、18L、20L、23L、28L、30L等规格，但同一个炉腔容积的微波炉也可以具有不同的微波输出功率。从理论上说，在微波输出功率不变的条件下，炉腔大一些其加热均匀程度也会好一些，但加热效率要偏低一些。在其他条件不变的情况下，一般炉腔越大其整机售价也会越高。

在选购微波炉的炉腔容积时，应根据自己的生活习惯、饮食结构、住房条件，以及对微波炉的依赖程度等因素来考虑。对于一般的家庭来说，可在20～30L炉腔容积的范围内进行选择。

知识衔接

微波炉额定功率与额定输出功率的关系

在微波炉的铭牌上一般都标有两种功率，一是额定功率，即额定消耗功率；二是额定输出功率，即输出功率。这是两个不同的概念，额定功率是指整台微波炉所有用电部件在工作时的用电总功率，而额定输出功率则表明这台微波炉的加热能力。

我们通常所讲的微波炉功率是指微波炉的额定输出功

率。输出功率越大，加热能力越强，加热时间越短。一般地，额定消耗功率与额定输出功率相差越大，说明微波炉的加热效率越低。通常微波炉的输出功率为额定功率的50%～60%，百分比越大加热能力越好，在选择微波炉时应注意选高不选低。

7. 如何选择微波炉烹饪的火段挡位？

所谓火段挡位，就是微波炉在设计时设定的不同功率挡位，以适应不同食品和场合的烹饪需要。不同的微波炉其火段分挡也不尽相同，如有的设有烧烤挡位，而有的没有。

一般来说，微波炉设定的挡位有高火、中火、低火、解冻、保温等。不同的挡位对应不同的功率，通过调节微波发射的次数来控制。例如，高火挡位的微波发射是连续的，而火力的减弱是用降低微波的发射次数来调节的。应当根据烹饪食物的品种和场合，选择合适的火力挡位。

在烹饪食物时，通常按照输出功率来计算烹饪时间。如果选择的火力挡位高，那么食物温度上升的速度就会快一些，因此需要的时间就短一些。反之，如果选择的火力比较弱，那么食物温度上升的速度就会慢一些，自然应当用时稍长一些。

根据不同的食品烹饪工艺及烹饪方法，合理地选择输出功率及加热时间，往往能达到不同的烹饪效果。具有5挡功率可调的微波炉，已基本能满足所有食品烹饪及加热的需求。表2-2为微波炉不同挡位的功率及适用对象等。

表 2-2 微波炉不同挡位的功率及适用对象

挡 位	输出功率	适用对象与场合
高火	100%	大多数食物的烹饪都选用此挡，适用于烹调普通的蔬菜、米饭、鱼类、肉类、家禽、煎蛋等
中火	50%～70%	适用于食物的再加热及烹饪纤维较密的食物，也可以烹饪牛肉类等需时较长的食物
低火	30%～50%	适用于需时稍长的食物及烤面包等焙烤食物
解冻	20%	适用于经电冰箱冷冻过的食品解冻及烹饪低热食物
保温	10%	适用于食品保温、面团发酵及食物软化等

8. 为什么变频微波炉能节电？

微波炉的输出频率是从 50Hz 的电源频率转换成 10000～30000Hz 的高频率输出，频率的输出不一样会导致磁控管的微波输出不一样，从而导致加热时的温度也不一样。在微波炉市场上有两种不同输出频率的微波炉产品，一种是以固定频率输出功率的微波炉，另一种是使用变频器的变频微波炉。

普通微波炉的功率是恒定的，如果需要改变加热温度（改变输出频率）或者改变其加热功能，则需要关闭程序后通过程序设置再启动才能实现，这样就会导致加热食物二次受热而产生碳化作用，同时还会因加热不足产生不均匀现象。这样，不仅加大了电源转换时的损耗，同时也加大了用电量和延长了烹饪时间。

而变频微波炉可以通过变频器来控制输出频率的变化，从而达到自由改变加热温度的目的。因此不用关机就能变换火力的大小，这样就不会出现食物重复加热的问题，并且较普通微波炉节省 20%以上的电能，加热效率也相应提高 5%以上。

9. 为什么微波加热食物不能太大太厚？

利用微波加热食物具有自身的特点。例如，微波的穿透力是有一定限度的，如果加热食物的块头太大太厚，就会影响食物的加热效率。

一般情况下，食品形状越规则，微波加热就越均匀。并且，小块食物要比大块食物熟得更快一些。微波炉里的微波可以穿透食物从而把食物加热，这种加热过程是从里到外同时进行的。

食物吸收微波的强度与深度有关。微波在向食物内部渗透时，自表层向内部随距离按指数式衰减，越靠近食物的中心，微波场越弱，所能吸收到的微波能越少。一般微波可穿透 2～4cm 的食物，并且食物的体积越大，需烹调的时间越长。当食物的厚度超过 5～8cm 时，它的中心就要靠被加热食物表层的热传导来完成烹调。所以在用微波炉烹调时，食物不宜太大太厚。

食物的形状也会影响食物的加热效率。形状规则的食物在微波炉内容易均匀受热；如果形状不规则，则薄和窄的部分容易过熟，厚和宽的部分则熟得慢一些。因此，用微波炉烹调食物时，食物的大小和厚薄不宜悬殊太大。

在利用微波炉加热食物时，应将食物切成大小适宜、形状均匀的片或块状，对于大块食物最好切成 5cm 以下的小块。并且食物的排列要有序均匀，以便使食物均匀受热。

10. 为什么微波加热食物量要适宜？

每一种型号的家用微波炉，都有一个最佳的食物烹调量。在实际烹调时，应尽可能按规定的量安排所烹调的食物，这样才能节省时间和电能。

一般来说，烹调食物的数量越多，需要烹调的时间就越长。但如果烹调的食物量少于最佳加工量，那么在烹调时也会产生电能浪费现象，甚至会影响磁控管的工作寿命。

假如某微波炉的最佳加工量为 1kg，烹调两块 0.5kg 的肉类食物需要 3.6 分钟，而单独烹调一块 0.5kg 的肉类食物需要 2 分。这说明按照最佳加工量安排烹饪，可以节约时间和电能。

如果使用小型容器加热食物，可以同时在托盘上放几个小容器，时间设置可再增加几分钟，这样可以达到较好的节能效果。同时，在加热食物时，为盛食物的容器套上保鲜膜，不仅可以保持食物的水分和风味，而且会缩短加热的时间，从而达到省电的目的。

知识衔接

微波加热菜肴保品质

从烹调菜肴的品质上讲，一次烹饪食物的数量不宜太多。有些人在使用微波炉加热菜肴时，往往加热的食物数量比较多，而且要时不时地打开微波炉门，看看菜肴是不是已经热透。如果菜肴还没完全热透，则还需要再加热一会儿。这种做法并不能达到节电的效果。用微波炉一次加热太多的菜肴，往往会使菜肴的表面变色或是发焦，从而影响菜肴的食用品质。同时，一次加热太多的菜肴，由于加热的时间比较长，因此并不节电。所以，在每次加热菜肴时，为了保证菜肴的食用品质，应让容器内的菜肴数量少一些，这样既能保证菜肴的加热效果，还能保证菜肴的食用品质。

11. 食物的性质如何影响食物的烹调时间？

食物的比热是确定食物烹调时间的一个重要因素。不同食物的比热也存在差异，即不同的食物升高一定的温度所需要的热量也不同。例如，比热为 1 的水和比热为 0.5 的脂肪，要让它们升高到同样的温度，水需要吸收的热量为脂肪所需热量的两倍。因此，在实际烹饪中，要根据食物的比热大小来确定烹饪时间，即比热小的食物温升快，所需要的烹调时间可短些。

食物的密度也是确定食物烹调时间的一个因素。一般来说，密度大的食物要比密度小的食物所需的烹调时间长一些。例如，在烹饪带骨头的肉类食物时，由于骨头吸收的微波很少，而且是热的不良导体，所以骨头附近的肉就会熟得慢一些。我们在烹饪实践中应了解这个道理。

另外，食物的介电性质也会影响食物吸收微波的程度。一般地，含水分多的食物介电系数大，所吸收的微波能量多，所以含水较多的食物容易加热。

知识衔接

微波炉节电小窍门

① 微波炉开关门不要太频繁。使用微波炉烹饪食物，烹饪时间宁少勿多，但从节能的角度讲也不宜频繁地开关门。由于微波炉在启动时的电能损耗较大，如果反复加热势必会增加启动的次数，自然电能消耗就多。同时，频繁地开关门，不仅会影响食物的烹饪质量，还会导致热量的损失，这是得不偿失的。因此，在进行微波烹饪时应尽量掌握好烹饪时间，做到一次启动就能达到烹饪效果。

② 在进行微波烹饪时一定要关好炉门。关好微波炉门，可以确保连锁开关和安全开关的闭合，对于提高烹饪效果具有重要的意义。当烹饪完成后，可以关掉微波炉，但不宜立即取出食物，因为此时炉内尚有余热，食物还可继续烹饪。一般情况下，应在1分后取出为好，这样可以充分利用微波炉的余热。

③ 微波加热食物表面涂水能省电。在利用微波炉加热食物时，由于食物温度很高，因此食物内的水分非常容易蒸发。而微波炉在加热过程中，只会对含水或脂肪的食物进行加热。为了防止微波炉在加热食物时，由于食物水分蒸发而导致的加热效率降低，可在食物表面均匀涂一层水，这样不仅可以提高加热的效率，而且可以减少电能的消耗。

12. 电热水器的能效等级是如何划分的?

电热水器能效等级分为1、2、3、4、5五级，1级是能效最高的产品，2级是节能评价值，5级是能效限定值，为市场准入的门槛，低于该值的产品将不能在市场上销售。表2-3为电热水器的能效等级划分。

表2-3 电热水器的能效等级

能效等级	24小时固有能耗系数（ε）	热水输出率（μ）
1	≤0.6	≥70%
2	≤0.7	≥60%
3	≤0.8	≥55%
4	≤0.9	≥55%
5	≤1.0	≥50%

知识衔接

电热水器能效参数详解

① 热水输出率：判断一台电热水器的能源利用效率，最关键的指标就是“热水输出率”。所谓“热水输出率”是指在标准条件下，65℃热水输出容积与热水器的标称容积（最大容积）的比值，数值越大代表热水输出量越多。热水输出率的数值越高，也就代表着越节能。

② 24 小时固有能耗系数：反应了电能的损失情况，数值越小越节能。在计算上，24 小时固有能耗系数为电热水器 24 小时固有能耗与 24 小时固有能耗基准值之比。前者按照标准进行实测，后者采用下表所示的方法进行计算。

电热水器 24 小时固有能耗基准值

（GB 21519—2008）

额定容量（G_R）/L	24 小时固有能耗基准值（Q）/（kW·h）
$0<G_R\leqslant30$	$Q=0.024C+0.6$
$30<G_R\leqslant100$	$Q=0.015C+0.8$
$100<G_R\leqslant200$	$Q=0.008C+1.5$
$G_R>200$	$Q=0.006C+2.0$

注：C_R 为电热水器的额定容量，C 为电热水器的实测容量

13. 如何识别储水式电热水器的能源效率标识？

储水式电热水器的能源效率标识为蓝白背景的彩色标识，长度最小为 80mm，宽度最小为 50mm。标识名称为中国能效标识，包括以下内容：①生产者名称（或简称）；②产品规格型号；

③能源效率等级；④24 小时固有能耗系数(ε)；⑤热水输出率(μ)；⑥依据的能源效率国家标准编号。

14. 电热水器容积越大越好吗？

容积是电热水器储水多少的重要指标，一般电热水器的容量越大其供热水能力就越强。那么，是不是电热水器的容积越大就越好呢？

其实，电热水器容积越大越好的认识是一个误区。到底电热水器的容积多大合适，应根据家庭人口、用途和用水习惯等因素综合确定。选择合理的电热水器利用容积，应当满足以下条件：一是满足洗浴所需的热水，二是最大限度地节约能源，三是尽可能短的加热等待时间。

市场上常见的电热水器容量有 10L、15L、40L、50L、60L、80L、100L，当然也有个别 100L 以上的产品。根据用途划分，10L～15L 的热水器一般适用于厨房洗碗、洗菜或洗漱间洗脸、刷牙之用，因此人们称其为“厨房宝”。而容量在 40L 以上的热水器主要用于洗浴，1～2 人的家庭适宜选用 40L 容积的电热水器，3～4 人的家庭则可以考虑 60～80L 的电热水器，至于习惯使用浴盆洗浴的用户则宜选用容量大一些的电热水器。

15. 为什么双功率电热水器能节能？

在家庭人数和用水量变化较大的情况下，如何做到按需加热就显得十分重要。双功率电热水器的推出，无疑解决了家庭按需加热的问题，具有方便、节能的优势。

普通电热水器之所以费电，其原因之一就是不管用多少热水

都需要把整箱水加热到很高温度，并储存起来才能使用。即使用户洗浴人数很少，一次洗浴剩余的热水还有很多，也会白白地浪费掉，自然就会在使用中浪费大量的电能。

所谓双功率电热水器，是指拥有双加热管的电热水器。例如，有些双功率电热水器采用了双加热管分层加热技术，具有三挡功率可供调节。用户可以根据具体用水情况选择合适的功率进行加热。双功率电热水器又被称为双动力加热系统电热水器，其优势在于一台热水器当多台热水器使用，可以随季节交替选择不同的运行模式，从而可以满足快热节能的需要。

双功率电热水器采用串联阶梯式双加热系统，全智能化的微电脑板会根据设定季节的转换而自动设置需要预热的温度。并根据用水情况使用多少加热多少，无须将整箱水加热到很高的温度，因而大大降低了电能的损耗。

市场上的双功率电热水器，主要功率组合有500W、500W，500W、1000W，1000W、1000W，1000W、1500W 等。用户在使用时可根据需要选择用一根加热管加热或两根加热管同时加热，以满足不同场合的需要。

16. 为什么及时清除水垢能节电？

电热水器的加热棒在正常运行时，受热后很快就能把热量传递给水或其他介质，两者温差很大。但在有水垢存在的情况下，加热棒的热量由于受到水垢的阻挡而很难传递给水，这样不仅浪费了电能，而且为电热水器的使用带来了诸多不良后果。

水垢是一种导热性能极差的物质，会阻碍热的传递。据悉，水垢的导热性能仅为铜、铁等金属的1/10到数百分之一。如果电热水器的加热棒上附着了大量的水垢，就会极大地影响加热效率。

试验表明，当水垢的厚度为1.5mm时，电热水器就要多消耗

6%的电能；当水垢的厚度达到 5mm 时，电热水器就会多耗能15%；而当水垢的厚度为 8mm 时，电热水器就会多耗能 34%。因此，及时清除水垢具有重要的节电价值。

17. 为什么空气能热水器能节能?

空气能热水器是近几年推出的一种新型高效率节能热水器，因其具有能效比高、安全性好、节约能源、不受天气限制、可以全天候供水等优势，越来越受到人们的青睐。那么，为什么空气能热水器能节能呢？

要说明这个问题，我们先了解一下空气能热水器的工作原理，图 2-1 为空气能热水器工作原理示意图。空气能热水器的全称为“空气源热泵热水器”，其工作原理与空调器极为相似，采用少量的电能驱动压缩机运行，高压的液态工质经过膨胀阀后在蒸发器内蒸发为气态，并从空气中吸收大量的热能；气态的工质被压缩机压缩成为高温、高压的液态，然后进入冷凝器放热而把水加热……如此不断地循环加热，可以把水加热至 50℃～65℃。

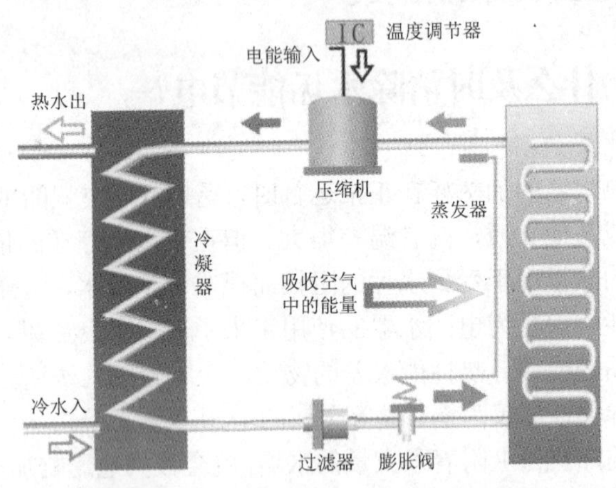

图 2-1　空气能热水器工作原理示意图

在这一过程中，消耗 1 份的电能驱动压缩机运行，同时可从环境空气中吸收转移约 4 份的热量到水中。因此，相对于电热水器来说，空气能热水器可以节约近 3/4 的电能。即电热水器消耗 4kW・h 电能产出的热水，使用空气能热水器只需要 1 度电就可以了。

知识衔接

空气能热水器优势大盘点

空气能热水器作为第四代节能环保型热水器，具有许多传统热水器所没有的优势。那么，空气能热水器具有哪些优势呢？

① 安全环保。空气能热水器不使用电加热，因此没有电元件与水的直接接触，这样就从根本上消除了触电隐患，且不存在一氧化碳中毒等安全隐患。空气能热水器只是将周围空气中的热量转移到水中，可以完全做到“零排放”，对环境几乎不产生影响，是真正的环保型热水器。

② 经济舒适。由于空气能热水器耗电量只有等量电热水器的 1/4，即相当于使用同样多的热水，空气能热水器耗电费用只需电热水器的 1/4。空气能热水器采用电子膨胀阀自动调节，性能系数（COP）为 3～5，其运行费用是电热水器的 1/4，燃气热水器的 1/3，燃油热水器的 1/2。并且，由于空气能热水器可即开即用热水，出水温度稳定，使用极为舒适。

③ 智能可靠。空气能热水器机组由微电脑控制自动运行，根据水箱水温和用户用水情况自动启停。空气能热水器的压缩机具有耐高温高压的特性，储水箱配以先进的不锈钢内胆，以保证工作系统可靠耐用。

④ 使用方便。空气能热水器的使用不受环境条件限制，可广泛应用于厨房、浴室、洗浴中心、宾馆、宿舍、桑拿等

场所，不需要专人进行看管。空气能热水器可自行设定温度，根据水温和用户用水情况自动启停，保证用户24小时即开即出热水。空气能热水器不受夜晚、阴雨天气影响，一年四季可以全天候供应热水。

⑤ 智能除霜。空气能热水器具有防冻和自动化霜功能，从而有效解决了换热器易结霜的问题。

18. 电热水器平时要不要断电？

这是一个十分困扰人的问题。有人认为，电热水器在没切断电源的情况下也要消耗一定的电能，因此在不用时应当把电热水器的电源切断；又有人说，电热水器最好一直通着电为好，因为平时切断电源若使用时再加热会更费电。那么，到底电热水器在平时是否该断电呢？

这要看用户具体使用热水的频率来确定，对于不经常使用热水的家庭来说，可以在洗澡前1小时开始通电加热，洗完澡后关闭电源。这样能使电能消耗处于一个最少的状态，因此可以最大限度地节省电能。而对于每天都要使用热水但使用量不大的用户，也可以在应用前通电加热，但水温达到所需要的温度后马上切断电源，这样比较省电。对于经常使用热水而用水量又比较大的用户，保持电源常开状态进行加热保温则最为省电。如果每天在相对固定的时间洗浴，则可以购买电脑控制的热水器产品，利用其定时加热功能来完成加热。

频繁地断电也是使用电热水器的一个误区。对于真正节能的电热水器来说，因其具有优良的保温功能，所以没有必要频繁地切断电源。并且，频繁地拔掉电源插头也会减少插头的寿命，也可能带来安全方面的隐患。对于经常使用热水的用户，建议保持

电热水器常开状态，并根据使用的频率和热水的使用量来调节热水的温度。但对于 3～5 天或更长时间才使用一次的用户，不妨在使用后进行断电，这才是更为节能的做法。

19. 电热水器的节能品质与保温性能具有怎样的关系？

对于电热水器电源常开的用户来说，人们更关心电热水器在保温状况下的耗电量问题。其实，电热水器在保温状况下的耗电量与电热水器的保温性能密切相关。所以，电热水器的保温技术是事关节能与否的一个最重要的技术。

电热水器是通过温控器的通与断来实现加热与不加热的，当水达到设定的加热温度后就会自动进入保温状态。在保温状态下，热水器的耗电多少与热水器的保温效果有关。随着水温的不断下降，直到低于设定的加热温度时，温控器自动接通，热水器开始加热；水温到达热水器预置的温度时，温控器断开，热水器停止加热……如此循环往复，实现了所谓的“保温”。所以，一般意义上的“保温”实际上就包括短时间的加热。只不过是电热水器的保温效果越好，电加热的时间越短，因此也就越节能。

电热水器的保温性能主要取决于采用的保温材料、发泡技术、发泡设备及保温层厚度。目前常用的保温材料有石棉、海绵、泡沫塑料、聚氨酯发泡等。在这几种保温材料中，聚氨酯发泡保温性能最好，泡沫塑料保温性能次之，石棉和海绵因其难以与电热水器紧密贴合，一般只作为电热水器辅助保温材料。有数据表明，一个三口之家使用某 60L 的电热水器，日耗电量在 1.5 度以上；而使用采用了先进的保温技术并通过节能认证的产品，其日耗电量只有 1.2 度。

知识衔接

高效保暖墙可节能 30%

美的采用创新的保暖墙技术，可节能 30%左右。原来，该保暖墙技术应用了太阳能仿生学原理，在发泡层外侧增加了高密度且反射性能强的高密闭性致密镀铝材质，从而可以阻止内胆的热量损失。即便遭遇突然断电，也可以持续保温 2～3 天。

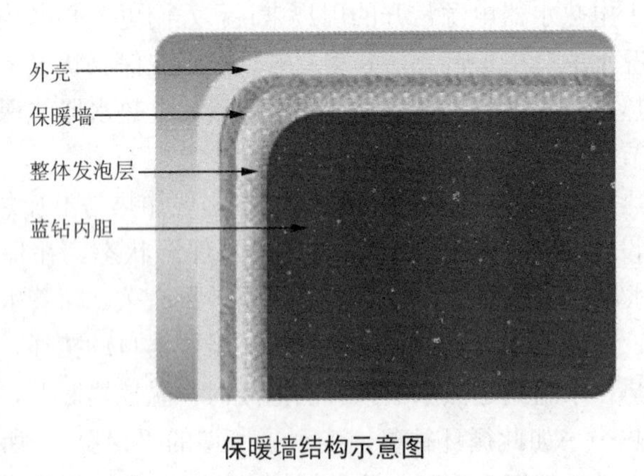

保暖墙结构示意图

20. 如何判别储水式电热水器的保温效果？

① 看指标辨能耗。在储水式电热水器的能效标识上标有两个主要的性能指标，一个是 24 小时固有耗损，另一个是热水输出率。这两个指标综合反映了储水式电热水器的节能水平，其意义参见前面“知识衔接——电热水器能效参数详解”。

② 看体积掂重量。电热水器保温性能主要取决于保温材料、发泡技术、发泡设备及保温层厚度。有报告称，能耗低的电热水

器其保温层厚度较小，而某些节能机型的保温层厚度较大。保温层厚度大的电热水器，自然机身就会比较重。因此，储水式电热水器的保温层好不好，可以从重量和体积上体现出来。

21. 为什么即热式电热水器功率大却耗电少?

即热式电热水器的额定功率可以高达 6～8kW，因此有人认为功率大一定耗电就多。其实，这是一个认识上的误区。功率大并不等于能耗大，因为能耗等于功率与时间的乘积。有资料称，即热式电热水器要比储水式电热水器节电 40%～65%。那么，为什么即热式电热水器功率大却耗电少呢?

原来，即热式电热水器是一种可以通过电子加热元器件来快速对水进行加热，并能通过电路控制水温、流速的电热水器。即热式电热水器是采用直接传导的加热方式工作的，由于电热元件置于槽板的槽中，所以当冷水流经槽中时便能直接流经电热元件表面而被加热，几秒之内就能源源不断地提供热水。由于即热式电热水器不需要提前预热，所以就不存在预热时的热量散失。

即热式电热水器不用保存热水，用多少热水就放多少，因此没有一点能量浪费。在使用储水式电热水器进行洗浴时，热水是依靠冷水注入后压出来的。随着冷水的注入，水温会不断下降，一般当水温低于 40℃就不适宜再洗浴了。此时，就会有几十升的热水白白浪费掉。使用即热式电热水器进行洗浴，就不存在剩余热水的能量消耗，真正做到了节能省水。

知识衔接

即热式电热水器防腐拒变有绝活

即热式电热水器对于水质的硬度要求，不像储水式电热水器那么高。主要原因在于即热式电热水器没有内胆，并且电热水器的加热管和盛水杯具有很好的防腐性。

原来，即热式电热水器的加热管和盛水杯采用的都是铜质材料，由于铜的电位要比水中杂质元素的电位低很多，因此不会受到电化学的腐蚀。如果在加工时采用先进的真空焊接工艺，则可以降低焊接时高温氧化的程度，同时减少夹入其他杂质的概率，可以进一步降低发生腐蚀的可能性。

22. 为什么相同容积的电热水器会有不同的热水输出率?

热水输出率是衡量储水式电热水器节能性的评价指标之一，表 2-4 为不同能效等级所对应的热水输出率。相同容量和功率的储水式电热水器，加热同样容积的水为什么会产出不同的热水量呢？其原因在于电热水器内部结构设计方面存在差异。

表 2-4　不同能效等级所对应的热水输出率

能效等级	热水输出率（μ）
1	≥70%
2	≥60%
3	≥55%
4	≥55%
5	≥50%

结构设计不好的电热水器，在冷水进入电热水器的时候，往往是直接冲到热水里面，这样就会在内胆中形成一个涡流，使得热水很快就被冷水冲散，从而减少了可用热水的输出，这样就会浪费掉许多热量。

节能性好的储水式电热水器，在内部结构设计上尽量避免了上述问题，即尽量减少冷水与热水的混合。某节能电热水器在内部结构上进行了科学合理的设计，将电加热棒分别放置在内胆上部、中部和底部，这与水温分层规律是相符合的。

这样不仅可使电热水器在几种功率之间自如切换，而且实现了快速、中速、普通各种加热状态的更替。这样，就达到了在同一内胆中进行“变容”的效果，同时还可以实现热水的接力加热，从而提供更多的热水。

知识衔接

如何走出“热水输出率”的理解误区

如果某储水式电热水器的容量为60L，假定热水输出率为70%，那么在洗澡时可输出多少热水呢？有人简单地理解为60L×70%=42L。其实，这样的理解是存在误区的。

从热水输出率的定义来说，热水输出率是指在标准条件下，65℃热水输出容积与电热水器的标称容积（最大容积）的比值，数值越大代表热水输出量越多。这里的65℃是一个硬性规定，在测算热水输出量时应当折算为65℃的热水。

由于我们在正常洗浴时需要兑入一部分冷水，从而混合成温度适宜的热水，因此对用户来说可用的热水量应是冷水与热水混合以后的水量。这个“可用的热水量”与按照热水输出率测算出来的“热水输出量”不是一个概念，但具有一定的联系。

例如，利用某60L储水式电热水器加热水，铭牌上的热水输出率为80%，假定电热水器温度设定值为70℃，冷水初始温度为15℃，正常洗浴所需水温为45℃，那么可用的45℃热水量为多少呢？可以测算出可用的45℃热水量为90L左右，而不是48L。

23. 电热水器在温度设置方面有哪些窍门?

电热水器的节电途径主要有：尽量缩短加热时间，增加保温效果，减少不必要的热水损失。其中，合理设定电热水器的温度，对于满足洗浴要求和节约电能具有重要的意义。那么，在温度设置方面有哪些窍门呢？

① 可以根据使用热水的频率和水量来调节热水温度，在使用量不大的情况下，可以把温度调得低一些；在使用量较大的情况下，则可以把温度调得高一些。这样能使电热水器更省电。

② 使用电热水器应尽量避开用电高峰时间，夏天可将温控器温度调得低一些，而在冬季可将温控器温度调得高一些，以达到省电的目的。

③ 如果自家的电热水器保温效果比较好，而且又经常使用热水，可让电热水器始终处于通电状态，温控器温度可调至 65℃以下，并设置为保温状态。这样不仅方便使用热水，而且能达到节电的目的。

④ 对于水质硬度大的用户，电热水器温控器的温度不宜调得太高，以防发生结垢现象。一般可将温度设定为 50℃～60℃，以避开最容易结水垢的“温度范围”。如果电热水器定温为 65℃～70℃，则会大量结垢。

⑤ 利用电热水器输出的热水进行洗浴，以淋浴方式最为省电。一般淋浴要比盆浴更节约用水量及电能，可降低 2/3 的费用。此时的温度不宜设置太高，以防冷热水的温差过大而不容易调匀。60℃以下的温度更适于淋浴调水。

24. 吸油烟机的能效等级是如何划分的?

吸油烟机的能效以全压效率、待机功率、关机功率、常态气味降低度、油脂排放值来分级。其能效等级分为 1、2、3、4、5 五级，其中 1 级能效最高，2 级为节能评价值，5 级为能效限定值。表 2-5 为吸油烟机的能效等级表。

表 2-5　吸油烟机的能效等级（2012 年报批稿）

<table>
<tr><th>能效等级</th><th>全压效率</th><th>待机功率</th><th>关机功率</th><th>常态气味降低度</th><th>油脂排放值</th></tr>
<tr><td>1</td><td>≥23%</td><td rowspan="2">≤2.0W</td><td rowspan="2">≤1.0W</td><td rowspan="2">≥95%</td><td>≤4.5mg/m3</td></tr>
<tr><td>2</td><td>≥21%</td><td rowspan="4">不做要求</td></tr>
<tr><td>3</td><td>≥19%</td><td rowspan="3">≤3.0W</td><td rowspan="3">≤1.5W</td><td rowspan="3">≥90%</td></tr>
<tr><td>4</td><td>≥17%</td></tr>
<tr><td>5</td><td>≥15%</td></tr>
</table>

知识衔接

吸油烟机名词解释

吸油烟机能效限定值：在规定测试条件下吸油烟机的最低允许能效值。

吸油烟机节能评价值：在规定测试条件下节能吸油烟机的最低允许能效值。

待机模式：吸油烟机连接到供电电源上，仅提供重启动、信息或状态显示（包括时钟）功能，而未提供任何主要功能的状态。

重启动功能：通过遥控器、内部传感器或定时时钟等方式使器具切换到提供主要功能模式的一种功能。

关机模式：吸油烟机连接到供电电源上，但不提供任何待机模式功能和主要功能的一种状态。仅提供关机状态指示（如发光二极管）时，也视为处于关机模式。

待机功率：吸油烟机在待机模式下的有功功率，单位为瓦（W）。

关机功率：吸油烟机在关机模式下的有功功率，单位为瓦（W）。

油脂排放值：吸油烟机在规定的测试条件下，排出的油烟气体中油脂浓度量，单位为毫克每立方米（mg/m^3）。

25. 吸油烟机吸力越大越好吗？

吸油烟机的吸力并不是一个独立的性能指标。吸油烟机最基本的指标有风量、风压、噪声、净化率等，并且这几个性能指标之间存在着相互制约的关系。所以，我们不能只是强调其中的一项指标而忽略其他指标，否则就会出现以偏概全的后果。

专家认为，正确的方法是综合考虑上述最基本的指标，并力求在各种性能指标间寻找一个最佳搭配值。对于吸油烟机的风量、风机功率和噪声等指标都应该考虑，但并不是单项指标越大越好。在达到相同吸净率的前提下，风机功率和风量则应该是越小越好，这样既可以节电，又可以取得较好的静音效果。

26. 什么是气味降低度和油脂分离度？

根据《吸油烟机》（GB/T 17713—2011）规定，在吸油烟机使用说明书中还列出了两个表示产品使用效果的指标，即气味降低度和油脂分离度。那么，什么是气味降低度和油脂分离度呢？

气味降低度是指吸油烟机在规定的试验条件下降低室内异

常气味的能力，这是吸油烟机对室内油烟抽吸干净与否的判定指标之一。气味降低度又可以分为常态气味降低度和瞬时气味降低度两个指标。其中的瞬时气味降低度，是指在规定的试验条件下，当实验室异常气味浓度达到最大时，开启吸油烟机 3 分钟内降低室内异常气味的能力。试验证明，对于外排式吸油烟机而言，开机工作 3 分钟时，不同型号吸油烟机的气味降低度有着明显的差异，因此气味降低度性能指标具有重要的设置意义。

油脂分离度则指吸油烟机在规定试验条件下从油烟气体中分离出油脂的能力，即吸油烟机将吸入的油烟中的油脂与空气分离的程度，代表着产品的环保水平。油脂分离度主要依靠吸油烟机中的叶轮表面积及叶轮的转速来保证，并通过进风口系统和风机系统来处理。

根据 GB/T 17713—2011 规定，外排式吸油烟机常态气味降低度应不小于 90%，瞬时气味降低度应不小于 50%，油脂分离度应不小于 80%。

27. 为什么油烟吸净率是选择吸油烟机的首要参考因素?

由于中国的烹饪方式以旺火爆炒为主，因此会产生大量的油烟。在这样的背景下，把油烟吸净率作为选购吸油烟机的首要标准，对于家庭正常做饭而且油烟比较大的环境有着非常重要的意义。

从实用的角度讲，选择厨房吸油烟机应考虑三大重要因素，即油烟吸净率、油烟分离功能及清洗是否方便。其中，油烟吸净率是首要标准。油烟吸净率指吸油烟机在规定的状态下、规定的时间里将油烟排除干净的效率。

判别吸油烟机的性能如何，关键指标应该为油烟吸净率的大小，不能简单以输入功率、风量、风压作为衡量其吸力与排污力大小的评判标准。吸油烟机的油烟吸净率是一个综合性指标，可以通过全压效率、气味降低度和油脂分离度三项指标来综合评判。

吸油烟机的油烟吸净率，是通过合理的电动机和风速设计来实现的，主要受到电机的功率、工作距离、进风口大小等因素的影响。近吸式吸油烟机由于带有油烟分离滤板，其油烟吸净率可以达到99%以上，特别适合中式烹调的厨房。

28. 如何使用吸油烟机更节能?

吸油烟机为居家必备的家用电器之一，尽管每次使用时间不长但是每天都在使用。因此，做好吸油烟机的节能使用具有重要的意义。那么，如何使用吸油烟机才能更节能呢?

① 选择变频吸油烟机，可以节能省电。变频技术的核心是变频器，它通过对供电频率的转换来实现电机运转速率的自动调节，从而实现舒适节能的使用效果。在吸油烟机领域，变频技术最大的作用是可以依据油烟的多少，自动调节电机的转速，进而改变吸油烟机的风量，不仅可以节能还可以降低噪声。但是，变频吸油烟机通常都定位在中高端，因此价格都比较高。

② 选择合适的机型，可以达到清洁和节电的目的。目前，在市场上有各种品牌和各种造型的吸油烟机，怎样才能选购到更适合自己家庭的吸油烟机，既能保持室内环境清洁舒适，又能达到节能省电的目的，这无疑是每个用户都十分关心的问题。一般来说，用户可以根据自己厨房的大小和油烟的多少来选择合适的吸油烟机。对于厨房空间较大而油烟又不是很多的现代化厨房，可以选择外形美观的欧式吸油烟机；对于厨房空间较大而油烟又较多的厨房，则宜选择大风量的深型吸油烟机；对于厨房空间很小的小型厨房，则选择外形轻巧的薄型吸油烟机比较合适；而对

于厨房空间和油烟都适中的厨房，选择亚深型吸油烟机比较合适。

③ 从节电的角度讲，选用三速吸油烟机可以节能降噪。传统吸油烟机只有两个速度挡，即高速状态和低速状态。在煮粥、煲汤或者煮咖啡时，使用传统吸油烟机吸排不仅浪费电能而且噪声很大。三速吸油烟机则推出了高速、低速、柔速 3 个速度挡，更加符合中国家庭的烹饪习惯。在煮粥、煲汤或者煮咖啡时，可以使用“柔速”挡，耗电量只是传统两挡吸油烟机的 50%，噪声还不到 45dB。

④ 在厨房烹饪过程中，尽量使用吸油烟机上的小功率灯进行照明，关闭厨房内的其他光源，这样可以节约部分电能。

⑤ 在清洁吸油烟机时，一定要注意谨慎清洗风叶。例如，可以在风叶上喷洒清洁剂，然后让风叶旋转甩干。注意不要用湿布擦拭风叶，以免风叶发生变形。因为叶轮变形会导致动平衡失调，进而增加旋转阻力而费电。

⑥ 长时间不用吸油烟机，应当将吸油烟机的电源插头拔下，以减少待机状态下的电能浪费。

29. 电磁炉的能效等级是如何划分的?

《家用电磁灶能效限定值及能源效率等级》（GB 21456—2008）为强制性国家标准，于 2008 年 9 月 1 日开始实施。该标准根据热效率和待机状态能耗，将电磁炉的能效等级分为 1、2、3、4、5 五级，其中 1 级能效最高。

该标准还规定了家用电磁炉的能效限定值、节能评价值和目标能效限定值。额定功率小于或等于 1200W 的加热单元能效限定值为 5 级，额定功率大于 1200W 的加热单元能效限定值为 4 级。节能评价值为 2 级产品的热效率值和待机功率，产品达到节能评价值要求可向认证机构申请节能产品认证。

自 2012 年 9 月 1 日起，电磁炉的能效限定值待机状态功率为 2W，热效率为 86%，即标准中 3 级产品的能效限定值。表 2-6 为电磁炉的能效等级指标。

表 2-6　电磁炉的能效等级指标

（GB 21456—2008）

<table>
<tr><th>能源效率等级</th><th>热效率/%</th><th>待机状态功率/W</th></tr>
<tr><td>1</td><td>90</td><td rowspan="2">2</td></tr>
<tr><td>2</td><td>88</td></tr>
<tr><td>3</td><td>86</td><td rowspan="3">5</td></tr>
<tr><td>4</td><td>84</td></tr>
<tr><td>5</td><td>82</td></tr>
</table>

30. 选用多大功率的电磁炉比较好？

一般来说，电磁炉的功率与其加热速度是成正比的，也就是说功率越大的电磁炉其加热速度也就越快。但是，功率越大耗电量也就越多。所以，从功能和节能的角度考虑，选择电磁炉应根据家庭人口及使用情况而定。

目前市场上的电磁炉功率基本在 800～2600W。一般来说，2 人以下家庭可选 1000W 左右，3～5 人可选 1600～1800W，6 人以上选 1900W 为宜。

31. 为什么说电磁炉具有更大的节能优势？

与其他传统炉具相比，电磁炉表现出更大的节能优势，主要表现在它的热效率很高。电磁炉的热效率是指电磁炉有效利用的热量与消耗的电能之比。

电磁炉在煮食物时的热源来自于锅具底部，而不是由电磁炉本身发热传导给锅具，所以电磁炉的热效率要比其他炊具高出近1倍。电磁炉的热效率根据能效等级不同有所差异，一般在82%～90%。而传统的明火炉具热效率很低，如煤气炉和液化气炉的热效率大约为46%。这主要是因为煤气炉和液化气炉要先烧红锅具底部才能加热锅内的食物，这样会损失很大一部分热能。

有人试验，用电磁炉烧开一壶水大约只需2～3分钟，用传统明火炉灶则需要9分。

32. 为什么要合理选择加热挡?

电磁炉一般都有若干个功率挡，如果运用得当，既能快速烹饪食物，又能节约电能。那么，应如何合理选择加热挡呢？

① 烹制一份美味佳肴，需要根据烹饪工艺要求选择所需的温度。例如，爆炒的油温最好不要超过200℃，这样炒出的菜既美味又健康。电磁炉可以灵活且准确地控制发热功率及烹饪温度，因而可以烹调出来色香味俱佳的食物。

② 用电磁炉控制油温和火力非常便利，应根据食物的多少来选择加热挡。大功率的电磁炉加热速度快，但耗电量也大。特别是在烧水、煮汤时更要注意根据食物多少选择加热挡次，对于难煮熟的食物则可以在加热开始时少放一点水，在把食物煮熟之后再加足汤水。

③ 合理使用功率挡，可以最大限度地达到节能的目的。电磁炉的输入功率通常在700～2400W，火力越大温度越高，温度越高功率也越高。利用电磁炉进行烹饪时，在刚加热时可先用大功率挡，等开锅后及时把功率调小至能使锅内保持沸腾即可，特别是在煮稀饭、熬汤、吃火锅时更应如此。

④ 在煲汤时可采用间歇加热的方式，从而达到节电的目的。

我们通常所说的额定功率，是指在火力最大时的功率，也就是最大功率。一般来说，火力不同，耗电量也不一样。在煲汤时，我们可以利用间歇加热的节电优势，等煲开了就停火。待温度降到额定温度（80℃左右）时，又开始通电加热。这样煲起汤来可以节约不少电能。

⑤ 在吃火锅时，应先采用大功率挡把锅具加热，等开锅后及时把功率调小，以能使锅内保持开锅为宜。在冬天吃火锅时更应注意这一点。因为大功率挡不但浪费了电能，而且会使汤水沸腾溢出，从而使锅底结锅巴并发生危险。

知识衔接

合理利用余热能省电

① 在使用电磁炉进行蒸煮时，将食物煮到八分熟就可以断电了。利用电磁炉面板的余热进一步把食物煮熟，长期坚持会节省不少电能。

② 在使用电磁炉进行炒菜时，可在高温挡时趁油沸及时把菜倒入锅内。当翻炒到六七分熟时就可断电了，此后可以利用余热把菜炒熟。

33. 自动电饭锅的能效等级是如何划分的？

自动电饭锅能效等级分为 1、2、3、4、5 五个等级，表 2-7 为自动电饭锅的能效等级。其中 1 级能效最高，5 级能效最低。各个等级产品的能效值应不低于表 2-7 的规定。对于有多种功能的自动电饭锅产品，其某一等级的产品应至少有一个功能不低于表 2-7 的规定。

自动电饭锅的能效限定值是指在满足待机能耗和保温能耗

要求的前提下，在标准规定测试条件下的最低允许热效率值。对于金属内锅的自动电饭锅，其能效限定值为表 2-7 中能效等级的 4 级。对于非金属内锅的自动电饭锅，其能效限定值为表 2-7 中能效等级的 5 级。

表 2-7　自动电饭锅的能效等级

（GB 12021.6—2008）

额定功率 P/W	热效率值/%				
	能效等级				
	1	2	3	4	5
$P\leqslant400$	85	81	76	72	60
$400<P\leqslant600$	86	82	77	73	61
$600<P\leqslant800$	87	83	78	74	62
$800<P\leqslant1000$	88	84	79	75	63
$1000<P\leqslant2000$	89	85	80	76	64

热效率可按下式计算：

$$\eta=1.16G\,(T2-T1)\div E\times100\%$$

式中：η——热效率，以百分数表示（%），精确到 0.1%；G——试验前水量，单位为千克（kg）；$T1$——试验前初始水温，单位为摄氏度（℃）；$T2$——试验后最高水温，单位为摄氏度（℃）；E——耗电量，单位为瓦时（W·h）。

知识衔接

自动电饭锅保温能耗和待机能耗

① 保温能耗：具有保温功能的自动电饭锅，其每小时保温能耗应不大于下表的规定。

自动电饭锅保温能耗

（GB 12021.6—2008）

额定功率/W	保温能耗/W·h
$P≤400$	40
$400<P≤600$	50
$600<P≤800$	60
$800<P≤1000$	70
$1000<P≤2000$	80

② 待机能耗：具有待机功能的自动电饭锅在连接电源的情况下，电热元件不加热时的每小时耗电量。按照 GB 12021.6—2008 的规定，具有待机功能的自动电饭锅，其待机能耗不允许超过 2W·h。能效等级 3 级以上的产品，其待机能耗不允许超过 1.6W·h。

34. 电压力锅的能效等级是如何划分的?

《电压力锅能效限定值及能效等级》（QB/T 4268—2011）于 2012 年 7 月 1 日正式实施。该标准规定，以电热元件为加热源、额定容积不超过 10L 的家用和类似用途电压力锅，其能效等级共划分为 1、2、3、4、5 五级，表 2-8 为电压力锅的能效等级指标表。其中 1 级能效最高，5 级能效最低。各等级的热效率值、保温能耗值及待机能耗值均应满足表 2-8 的规定。

表 2-8 电压力锅的能效等级指标

（QB / T 4268—2011）

能效等级	热效率值 / %	保温能耗 / W·h	待机能耗 / W·h
1	≥91	≤40	≤1.5
2	≥87		

续表 2-8

能效等级	热效率值 / %	保温能耗 / W·h	待机能耗 / W·h
3	≥82	≤50	≤1.8
4	≥78		
5	≥67		

知识衔接

电压力锅的能效限定值和节能评价值

（QB / T 4268—2011）

电压力锅是指额定压力在4～140kPa范围内用于蒸煮食物的电加热器具。

① 能效限定值：电压力锅在标准规定测试条件下的热效率的最小允许值、最大保温能耗及最大待机能耗。对于金属内锅的电压力锅，其能效限定值为能效4级；对于非金属内锅的电压力锅，其能效限定值为能效5级；有两种或两种以上内锅的产品，均应满足相应的能效限定值。

② 节能评价值：电压力锅在标准规定测试条件下达到节能产品所允许的最小热效率、最大保温能耗及最大待机能耗。电压力锅节能评价值为能效2级，有两种或两种以上内锅的产品，则应至少有一种满足节能评价值。

35. 如何识别电饭锅的能效标识？

自2010年3月1日起，在我国内地生产、销售和进口的自动电饭锅必须加贴能效标识。电饭锅能效标准为强制性能效标准，低于5级能效的电饭锅不允许上市。

该标识适用于电热元件为加热源的、在常压下工作的额定功率小于2000 W的自动电饭锅。标识为蓝白背景的彩色标识，长度最小为80 mm，宽度最小为50 mm。标识包括以下内容：①生产者名称（或简称）；②产品规格型号；③能效等级；④热效率值（%）；⑤待机能耗（W•h）；⑥保温能耗（W•h）；⑦内锅材质（金属或非金属）；⑧依据的能源效率国家标准编号。

不具有待机功能/保温功能的自动电饭锅，无须标注待机能耗/保温能耗。

知识衔接

电饭锅的加热方式

按照加热方式的不同，电饭锅可以分为直接加热式电饭锅和间接加热式电饭锅两大类。

① 直接加热式电饭锅，又可分为组合式和整体式两种。组合式电饭锅是一种早期产品，由锅体和电热座两部分组成，结构简单，价格便宜。整体式电饭锅比较流行，从外观上看是一个整体，但其内锅可以取下，外锅中是不需加水的。这种电饭锅在使用时电热元件直接对放食物的内锅加热，因此加热效率高，省时省电，但煮出的饭不太均匀。

② 间接加热式电饭锅，在结构上分为内锅、外锅和锅体3层。内锅用来盛装食物，外锅用来安装电热元件、调温器和定时器。这种电饭锅的优点是食物加热均匀，做出的饭上下软硬一致，由于内锅可取下，清洗起来很方便，但该电饭锅结构较复杂，煮饭时间稍长，耗电量也稍大一些。

36. 为什么功率大的电饭锅反而更省电?

电饭锅的功率一般是指电饭锅的输入功率，那么其大小与耗电量具有怎样的关系呢？

有人做过实验，同样煮 1kg 的米饭，用 500W 的电饭锅需耗电 0.25 度，而用 700 瓦的电饭锅耗电仅 0.23 度。那么，为什么功率大的电饭锅反而省电呢？原来，同样煮 1kg 的米饭，功率为 500W 的电饭锅需要 30 分钟，而功率为 700W 的电饭锅只需 20 分钟。因为功率与时间的乘积为耗电量，这样就不难理解功率大的电饭锅反而省电的道理了。

按照输入功率来分的话，电饭锅的规格有 400W、450W、500W、550W、600W、650W、700W、750W、800W、850W、900W、950W 等。按照盛饭锅容积来分的话，电饭锅的规格有 0.7L、1L、1.5L、2L、2.5L、3L、3.6L、4L 等。一般来说，容积小的电饭锅输入功率也小，容积大的输入功率也相应大些。对于一个三四口之家，选用 600～800W 的电饭锅是较为适宜的。注意，有保温层的电饭锅要比没有保温层的更省电。

37. 为什么电压力锅可以节电?

电压力锅作为传统高压锅和电饭锅的升级换代产品，具有其他烹调器具无法比拟的优势，其中的节能优势更是为现代人所推崇。据悉，电压力锅的热效率大于 80%，要比普通电饭锅节电 30%以上，甚至比普通高压锅节能 50%以上。

电压力锅的工作流程为设定工作时间、启动加热、起压、升压、保压和保温。食物在由生变熟的过程中，要经历一个升温的过程。并且温度越高，熟得越快。一般来说，电压力锅锅内的气压可接近 1.7 个标准大气压，水的沸点可升至接近 120℃。在这样的温度和压力下，就使得煮熟食品的用时要短许多，自然就会节约电能。

38. 如何利用发热盘余热节约电能?

发热盘是电饭锅的主要发热元件，其结构就是一个内嵌电发热管的铝合金圆盘。电饭锅的内锅就放在这个发热盘上，并利用发热盘传导的热量烹煮食物。

在煮饭时，可在电饭锅沸腾之后关闭电源开关 8～10 分钟，充分利用发热盘的余热后再重新通电。当电饭锅红灯熄灭、黄灯亮时，表示米饭已煮熟，可把电源关闭，并利用余热保温 10 钟分左右，这样也可以节约电能。

39. 为什么开水煮饭能省电?

实践证明，开水煮饭能省电。这是因为电饭锅烧水的效率不如电水壶高，即烧开同样质量的开水，电饭锅要比电水壶消耗更多的电能。例如，同样烧一暖瓶开水，用电饭锅烧大约需要 20 分钟，而用同样功率的电水壶烧只需 5～6 分钟。利用开水煮饭的方法是将淘好的大米放入内锅中，然后加入开水再煮饭，注意水量要掌握在恰好达到水干饭熟的标准。

使用电饭锅时，如果煮饭使用热水或开水，就能轻松省电 30%左右。但要注意当饭熟后应立即拔下插头，否则当锅内温度下降到 70℃以下时就会自动通电，这样会造成电能的浪费。

知识衔接

不同煮饭方法对比

家庭煮饭的方法很多，到底哪种方法最节能呢？有人做过实验，在烹煮同样米量的情况下，分别采用铝锅（煤气炉煮）、电饭锅、微波炉来煮，结果以电饭锅煮饭最为节能。

同样煮 0.7kg 的米饭，各加 1kg 的水。用煤气炉煮则耗时 40 分钟，折合用电 1.18 度；用微波炉煮则耗时 35 分钟，耗电 0.35 度；而用电饭锅煮只耗时 29 分钟，耗电仅 0.31 度。

看来，还是用电饭锅煮饭为好，既省时又节能。

40. 如何合理控制煮沸的时间？

电饭锅是家用电器中的“耗电大户”，如何通过合理使用来降低耗电量是一个值得探索的问题，如合理控制煮沸的时间也可以达到节电的目的。

① 煮饭：煮饭是电饭锅的主要职能，减少煮饭的时间可以节约电能。在煮饭之前，可把淘好的米放在清水中浸泡 15 分钟，再下锅煮饭。这样就会缩短煮饭的时间，同时也可以煮出香软可口的米饭。

② 煮粥：利用电饭锅进行煮粥、煲汤及煮饺子时，应当注意掌握煮沸的时间，不能等其自动断电。否则，往往会浪费许多电能。电饭煲的自动断电装置是一个感温磁钢开关，当温度超过100℃时感温磁钢因失磁而断电。但当锅内有水继续沸腾时，温度是不会超过 100℃的，感温磁钢自然不会因失磁而断电。

知识衔接

电饭锅节电小窍门

① 错峰用电。避开用电高峰期是电饭锅节电的一个重要途径。有人试验，使用同样功率的电饭锅，当用电高峰期电压低于额定值10%的时候，则需要延长12%左右的工作时间，才能完成蒸煮工艺过程。所以，在用电高峰时段，最好不用或者少用家用电器。

② 良好接触。让内锅底与电热盘保持良好的接触，是提高电饭锅加热效率和使用寿命的技巧之一。第一，在烧饭时一定要将电饭锅放平，并留意锅底和电热盘的吻合情况。第二，如果内锅因发生内凹或外凸变形而影响锅底和电热盘接触的，应及时进行矫正后才能使用。第三，在每次使用电饭锅时，都要在内锅放进外壳时左右转动几次，并检查内锅与发热板是否吻合。

③ 保持清洁。保持内锅和外锅的清洁，也是提高电饭锅电能利用率的一个方法。如果电热盘表面与锅底存在污渍和杂物，应注意及时清除杂物，并用细砂纸轻轻打磨除污，直到擦拭后露出金属本色为止。否则，就会影响电热盘与锅底的接触，进而导致效率低下或出现故障。

④ 保护内锅。内锅是用特殊材料制成的，主要有不锈钢、黑晶、陶晶及复合涂层等材料。在使用时，内锅底与电热板是相互吻合的球面体，两者必须紧密接触才能确保良好的导热性。所以，不能用其他铝锅代替内锅使用，否则不仅会浪费电能，而且会造成电热板损坏。也不要用内锅洗碗和淘米，以防可能对内锅造成伤害，而影响到内锅的正常使用。

第三章　数码电器的节能

1. 为什么说电脑节能是家用电器节能的“重头戏”？

据有关部门的粗略统计，我国的电脑拥有量（2011 年）达到了 3.2 亿台，占世界的比重约为 90%。每年电脑的耗电量是一个十分可观的数字，几乎相当于三峡水电站一年的总发电量。因此，电脑节能是家用电器节能的“重头戏”。

据悉，台式电脑的功率在 200～300W，如果按每台功率 200W，每天开机 4 小时进行计算，那么我国每年电脑耗电量高达 934 亿度，超过了三峡水电站年均发电量 847 亿度的规模。

电脑不仅会在工作过程中消耗巨大的电量，还会在待机、睡眠甚至关闭条件下产生不同程度的电耗。因此，电脑节能大有潜力可挖，并且具有十分重要的经济效益和生态效益。

2. 微型计算机的能效等级是如何划分的？

计算机是当今时代最为重要的家用和办公耗能设备之一，其能源消耗是不容忽视的。我国第一项微型计算机能效标准——《微型计算机能效限定值及能效等级》（GB 28380—2012），将微型计算机的能效等级分为 1、2、3 三级，表 3-1 为电脑能效等级指标表。1 级产品的能效等级最高（目标值）；2 级为节能评价值

（推荐性指标），是开展节能产品认证的技术依据；3 级为能效限定值（强制性指标），是淘汰高耗能产品的依据。

表 3-1　电脑能效等级指标

产品类型		典型能源消耗/kW・h		
		1 级	2 级	3 级
台式微型计算机及一体机	A 类	$98.0+\Sigma E_{fa}$	$148.0+\Sigma E_{fa}$	$198.0+\Sigma E_{fa}$
	B 类	$125.0+\Sigma E_{fa}$	$175.0+\Sigma E_{fa}$	$225.0+\Sigma E_{fa}$
	C 类	$159.0+\Sigma E_{fa}$	$209.0+\Sigma E_{fa}$	$259.0+\Sigma E_{fa}$
	D 类	$184.0+\Sigma E_{fa}$	$234.0+\Sigma E_{fa}$	$284.0+\Sigma E_{fa}$
便携式计算机	A 类	$10.0+\Sigma E_{fa}$	$20.0+\Sigma E_{fa}$	$40.0+\Sigma E_{fa}$
	B 类	$13.0+\Sigma E_{fa}$	$26.0+\Sigma E_{fa}$	$53.0+\Sigma E_{fa}$
	C 类	$38.5+\Sigma E_{fa}$	$54.5+\Sigma E_{fa}$	$88.5+\Sigma E_{fa}$

注：ΣE_{fa} 为产品附加功能功耗因子之和，可通过查阅有关表格确定。

该标准规定了台式微型计算机、具有显示功能的一体式微型计算机（一体机）和便携式计算机（笔记本电脑）的能效等级、能效限定值、节能评价值和检验规则。这对于实施计算机能效标识制度和节能产品认证制度，提高我国计算机的能源效率具有重要的意义。

3. 如何识别微型计算机的能效标识？

我国微型计算机产品能效标识包含以下内容：①生产者名称（或简称）；②产品规格型号；③能效等级；④典型能源消耗；⑤产品类型；⑥依据的能源效率国家标准编号。

其中，典型能源消耗是一个核心指标，其含义是指产品按照本标准所规定的测试和计算方法得出的年能源消耗量，单位为 kW・h。

知识衔接

微型计算机产品分类方法

微型计算机按照配置的不同，可以分为 A 类、B 类、C 类、D 类 4 个类型。

产品类型	配置说明	
	台式微型计算机、一体机	便携式计算机
A 类	低于 B 类、C 类配置的产品	低于 B 类配置的产品
B 类	CPU 物理核心数为 2，系统内存大于等于 2G	具有独立图形显示单元
C 类	CPU 物理核心数大于 2，且至少具有以下特征中的一条： ①系统内存大于等于 2G； ②独立图形显示单元	CPU 物理核心数大于等于 2，系统内存大于等于 2G，具有独立图形显示单元且显存位宽大于 128bit 的产品
D 类	CPU 物理核心数大于等于 4，且至少具有以下特征中的一条： ① 系统内存大于等于 4G； ② 具有独立图形显示单元且显存位宽大于 128bit	—

4. 计算机显示器的能效等级是如何划分的？

在《计算机显示器能效限定值及能效等级》中，分别对 LCD 和 CRT 进行了不同的能效设定。其中，将每类产品的能效等级划分为 1、2、3 三个等级，并规定了每一级别的能效和待机功率。表 3-2 为显示器的能效等级划分。

表 3-2 显示器的能效等级划分

显示器类型	能效等级					
	1 级		2 级		3 级	
	能源效率/（cd/W）	关闭状态能耗/W	能源效率/（cd/W）	关闭状态能耗/W	能源效率/（cd/W）	关闭状态能耗/W
CRT	0.18	1	0.16	3	0.14	5
LCD	1.05	0.5	0.85	1	0.55	2

《计算机显示器能效限定值及能效等级》还制定了能效限定值、节能评价值和目标限定值 3 个标准。其中，能效限定值是对显示器的能效限定要求，是强制性的指标，不符合能效限定值标准的显示器将不准进入市场；节能评价值则是推荐性指标，是对显示器的节能评价要求和开展节能产品认证的技术依据；目标限定值则是将在 3 年后开始生效的能效限定值指标。

从 2011 年 11 月 1 日起，计算机显示器产品的节能认证评价指标将由《计算机显示器能效限定值及能效等级》的能效等级 2 级调整为能效等级 1 级，指标见表 3-3。

表 3-3 显示器能效等级指标表

显示器类型	能效等级 1 级	
	能源效率/（cd/W）	关闭状态能耗/W
CRT	0.18	1
LCD	1.05	0.5

5. 如何合理减少电脑的待机时间?

如今电脑日益普及，合理减少电脑的待机时间，对于节约能

源具有重要的意义。有人认为，使用后及时关闭电脑应该是一种常见的节能方式。的确，关闭电脑可以节约大量的不必要能耗，但是只关闭电脑而不切断电源，电脑还会有少量能耗产生。合理减少电脑的待机时间，从而减少这部分的电能消耗。

所谓待机，就是将电脑当前处于运行状态的数据保存在内存中，这时电脑只对内存供电，而硬盘、屏幕和 CPU 等部件停止工作。在待机状态下，如果后台没有服务型程序运行，那么耗电量可以降至正常工作时的 10%左右。但是如果长时间使电脑处于待机状态，依然会损耗不少的电能。有资料介绍，电脑在待机状态下一般还有 3～5W 的能耗。

由于电脑在待机状态下恢复操作的用时很短，因此适用于短时间不用电脑的场合。不用的外设像打印机、音箱等应及时关掉，对于停用电脑超过 1 小时的场合，建议不要选择待机节能的方式。正确的方法是在使用完电脑之后，关闭电脑并彻底断掉电源，以减少待机状态的电能消耗。

6.　如何合理使用电脑的屏幕保护?

有人喜欢设置各种类型的屏幕保护，以减少电脑的待机时间。设置屏幕保护可以使屏幕进入保护状态，不仅可以节能还能延长电脑屏幕的寿命。据悉，在屏幕保护状态下，电脑的耗电量可以降低 1/3 以上。

但是，屏幕保护的耗电量与设置情况有关，一般屏幕保护设置得越简单其耗电量越低。合理运用电脑的屏幕保护，可以达到节能降耗的目的。例如，将电脑的屏幕保护设置成“空白”，即屏幕保护时显示黑屏，或根据不同使用需求随时调整亮度等都可以节能。但是，如果用户使用色彩鲜艳和复杂多样的屏幕保护设置，则电脑的耗电量几乎与正常工作时没有太大的差别。

如果长时间不使用电脑，还应当将电脑的主机和显示器全部关闭。在短暂的休息期间，尽量启用电脑的“睡眠”模式。原来，“睡眠”模式是一种低能耗模式，可以将耗电量降低到1/2以下。

知识衔接

电脑休眠与睡眠模式的区别

休眠是将当前处于运行状态的数据保存在硬盘中，整机将完全停止供电。因为数据存储在硬盘中，而硬盘速度要比内存低得多，所以进入休眠状态和唤醒的速度都相对较慢，在休眠时可以完全断开电脑的电源。

睡眠是把数据保留在内存里，同时给内存微弱供电，下次唤醒时直接读取内存里的数据，不能断开电源，一断电信息就会丢失。这时电脑进入低能耗模式，可以将能源使用量降低到1/2以下。

7. 如何降低电脑显示器的耗电量？

显示器是电脑耗能的“大头”，因此降低显示器的耗电量具有重要的意义。

① 选择合适尺寸的显示器，是降低电脑耗电量的重要措施。一般来说，电脑显示器越大，其能耗水平越高。例如，19英寸显示器要比17英寸显示器的能耗高出35%左右。

② 把显示器设置为最佳状态，亮度一般设置在60～80，对比度设置在80～100。亮度过亮更容易耗电，还容易造成眼睛疲劳，也会降低显示器的使用寿命。在做一般文字编辑时，可以将背景的色调调得暗一些，这样在节能的同时还可以保护视力。

③ 把刷新率设置为 75Hz 或 85Hz，以降低其耗电量。原来，刷新率是指每秒重复绘制画面的次数，如果把刷新率设置在显示器的最高极限，就会因显示器工作在极限状态，而容易引起电路元件的老化和损坏，并且耗电量也会更大一些。

8. 为什么要强调关电脑时别忘关显示器？

有的人对电脑的高耗能有了一定的认识，已经在日常生活中养成了关闭电脑的习惯，但还有许多人在关电脑的时候不关显示器。这种做法也是不妥的，因为显示器在待机状态下也是要消耗电能的，长此下去造成的电能浪费也是触目惊心的。

有人算过一笔账，如果在关闭电脑时不关闭显示器的电源开关，那么每天显示器待机近 20 小时造成的电能浪费将是一个十分可观的数字。如果按电脑显示器待机功率为 5W 计算的话，一年下来每台电脑仅此一项就空耗 36.5kW·h 的电能。所以，长时间不使用电脑，应将电脑的主机和显示器同时关闭。当电脑在播放音乐、小说等单一音频文件时，可以彻底关闭显示器。

从保护 LCD 显示器的角度讲，如果长时间不用电脑，也应关闭显示器或打开屏幕保护功能。原来，LCD 显示器的显示方式与 CRT 显示器有所不同，长时间显示静止不动的画面会使 LCD 显示器温度升高，进而导致液晶的老化或烧坏。一般来说，如果 LCD 显示器连续开机使用 24 小时以上，内部温度就会迅速升高，因此如果不用还是把它关掉为好。

9. 为什么要合理调整显示器的分辨率？

对于 LCD 液晶显示器和传统的 CRT 显示器来说，分辨率都是一个极其重要的参数。所谓分辨率，指的就是屏幕图像的精密度，即显示器所能显示的像素的多少。由于屏幕上的点、线和面都是由像素组成，所以显示器可显示的像素越多其画面就越精细，同样的屏幕区域内能显示的信息也就越多。

传统CRT显示器所支持的分辨率较有弹性，而LCD显示器的像素间距已经固定，所以支持的显示模式不像CRT显示器那么多，LCD显示器在最佳分辨率下才能显现出最佳的影像。目前15英寸LCD显示器的最佳分辨率为1024×768，17～19英寸的最佳分辨率通常为1280×1024，更大尺寸则拥有更大的最佳分辨率。

高分辨率是保证彩色显示器清晰度的前提，较高的分辨率不仅意味着较高的清晰度，也意味着在同样的显示区域内能够显示更多的信息，但同时也需要耗用更多的计算机资源，因此能耗也会相应地增加。我们应当根据实际需要来选择合适的分辨率。对于一般的打字、上网来说，将显示分辨率调整到800×600就可以了。

10. 如何保护电脑的显示器？

显示器是电脑的重要组成部分，做好显示器的保护对于延长电脑的寿命至关重要。

① 显示器在工作时需要一个比较稳定的电压。尽管显示器的工作电压适应范围比较大，但这只是相对于电脑的其他部分而言的。如果电源电压波动比较大，也会由于瞬间高压冲击而造成显示器的元件损坏。

② 显示器需要保持良好的散热条件。例如，CRT显示器在工作时本身就是一个大热源，因此要在显示器的周围留有足够的

散热空间。否则，过多的热量不仅会影响显示器的工作稳定性，而且会加速显示器元器件的老化。

③ 显示器必要时需要进行屏幕保护。如果显示内容长时间不变，那么对应图像中的高亮度部分的荧光粉，就会因为受到电子束的长时间冲击而加速老化，从而造成图像色彩的失真。因此，适当调低亮度可以减缓 CRT 显示器的灯丝和荧光粉老化的速度。

④ 显示器要防止内部积灰。显示器内部灰尘多，往往会腐蚀其内部的电子线路，从而引起一些故障。因显示器内部存在一定的高压，一旦出现故障往往会引起严重的后果。从能耗的角度看，显示器内部积尘过多，还会影响亮度和散热。所以，在不使用电脑时为其罩上防尘罩是非常有用的。保持室内环境清洁，定期擦拭屏幕，既可节电又能延长显示器的使用寿命。

11. 为什么做好显示器防潮至关重要?

对于 LCD 显示器来说，做好防潮除湿工作至关重要。相对于 CRT 显示器，LCD 显示器显得更为脆弱，尤其对空气湿度要求更为苛刻一些。

如果室内的相对湿度高于 80%，那么显示器内部就会发生结露现象，使得显示器内部的电源变压器和其他线圈发生漏电现象和短路现象，显示器的高压部位则极易产生放电现象，严重的还会烧毁显示器。同时，过高的湿度还会使机内的元器件生锈、腐蚀，严重时还会使电路板发生短路。

保证 LCD 显示器正常工作的相对湿度要求为 30%～80%，但湿度太低易使显示器机械摩擦部分产生静电干扰，从而增大内部元器件被静电破坏的可能性。

在天气潮湿的时候，显示器往往会在开机之初屏幕非常模糊，有时候要等半小时以后才能正常。这主要是因为空气中的潮气进入了显示器的内部，显示器开启后必须预热一段时间才能正常工作。如果 LCD 显示器长时间不用，最好能定期通通电，因为电路的温度会加快水汽的蒸发。但是在湿度很大的情况下就不要通电了，以免出现短路而造成机器故障。

从人们的舒适度看，室内相对湿度保持 45%~65%比较适宜。同时，这样的湿度对显示器也是无害的。保持正常的室内湿度对于电脑的维护是必需的，有条件的可以通过空调对室内的湿度进行调节，没有条件的则可以通过电风扇吹风的方式吹走室内的水汽。

12. 为什么电脑不宜频繁开关机?

频繁地开关机，受害最大的是硬盘和显示器。

硬盘在不工作时读写磁头和盘面紧挨着，开机后高速运转所产生的浮力使磁头漂浮在盘片上方进行工作，而关机后读写磁头又会回到原来的位置。频繁地开关机，自然增加了读写磁头对磁盘的磨损。

电脑显示器在正常工作时，其内的工作电流是比较平稳的，但频繁的开关机操作会对电脑显示器产生不利的影响。因为在开关机时电流会突然地增大或减小，从而对显示器造成一定的冲击，进而会影响电脑显示器的使用寿命。

从延长电脑寿命的角度讲，不宜进行频繁的开关机操作。但从节能的角度讲，不用电脑时就应当关机。如何解决节能和使用寿命之间的矛盾呢？比较妥当的办法是，在 20 分钟内不使用电脑则不进行任何操作；如果在 20 分钟到 1 小时内不使用电脑，则可关闭显示器或使用休眠、待机模式；如果超过 1 小时不使用电脑，则应当关闭电脑。

13. 家庭使用打印设备如何节能?

从目前家庭打印机的使用情况看，以打印普通黑白文档者居多。所以，在选择打印设备时除了考虑品质和服务之外，还要考虑购买成本和使用成本。据悉，喷墨打印机在使用时消耗的能源要比激光打印机少90%。从节能和实用的角度讲，家庭选用打印机以喷墨打印机最为合适。

在使用喷墨打印机时，应根据不同场合的实际需要，尽量使用小字号字体打印文档，这样不仅可以节约纸张还可以节省电能。在打印非正式文稿时，可将标准打印模式改为草稿打印模式，这种方法可省墨30%以上，同时还可提高打印速度和节约电能。长时间不用打印机时，应关闭打印机及其服务器的电源，并将电源插头拔出，以减少待机耗能。

知识衔接

打印机产品的能效等级

单位：W

<table>
<tr><th rowspan="3">产品类型</th><th colspan="6">能效等级</th></tr>
<tr><th colspan="2">1级</th><th colspan="2">2级</th><th colspan="2">3级</th></tr>
<tr><th>操作模式功率（P_{OM}）</th><th>待机功率</th><th>操作模式功率（P_{OM}）</th><th>待机功率</th><th>操作模式功率（P_{OM}）</th><th>待机功率</th></tr>
<tr><td>喷墨产品</td><td>$1.0+\sum P_{fa}$</td><td>1.0</td><td>$1.4+\sum P_{fa}$</td><td>1.0</td><td>$3.0+\sum P_{fa}$</td><td>2.0</td></tr>
<tr><td>针式产品</td><td>$3.6+\sum P_{fa}$</td><td>1.0</td><td>$4.6+\sum P_{fa}$</td><td>1.0</td><td>$6.0+\sum P_{fa}$</td><td>2.0</td></tr>
</table>

注：$\sum P_{fa}$ 为产品附加功率因子之和。

14. 使用电脑音箱如何节电?

基于家庭娱乐的需要，大多数家用电脑都配置了音箱系统。音箱作为整个音响系统的终端，其作用就是把音频电能转换成相应的声能，并把它辐射到周围空间之中。因此它是音响系统最为重要的组成部分，对音响系统的放音质量起着关键的作用。

随着电脑音箱档次的提高，功率也变得越来越大，相应的耗电量也在增加。由于音箱的电源插头和电脑主机插头常常插在一起，有时候不听音乐也开着音箱，这样势必会造成电能的浪费。因此，不使用音箱时要及时拔掉音箱的电源。

经常欣赏音乐的朋友，可以选用耳机或从主机 USB 接口取电的小型节能音箱，以减少音箱的耗电量。在用电脑听音乐或者看影碟时，最好使用耳机。

15. 如何使用笔记本电脑更节电?

许多用户习惯于使用笔记本电脑。鉴于笔记本电脑突出的移动性特点，在没有外接电源的情况下如何让笔记本电脑工作更长时间，提高电池的续航能力，成为了广大笔记本电脑用户的共同心声。

① 把笔记本电脑屏幕的亮度调得低一些，不仅可以省电而且可以保护视力。在当今高清显示时代，在移动设备上消耗电量最大的当属屏幕了。其中，笔记本电脑显示屏的亮度水平直接影响电池的使用时间。所以，笔记本电脑在使用电池进行工作时，需要把屏幕亮度适当做些调整，从而延长笔记本电池的使用时间。

② 把笔记本电脑的显示模式调为节能模式，关掉不用的服务程序。尽量不要使用任何外部设备，因为任何 USB 和 PC 设备都会消耗电能。应本着做什么事就开什么程序的原则，尽量少开程序，把其他不需要的程序关掉。

③ 使用休眠功能往往比系统待机更省电。在不需要网络的时候可以关闭笔记本自带的无线网络功能，这样可以减少电脑的能耗。最好不要用电脑放音乐，因为硬盘在启动时需要耗费比较多的电能。

④ 有关研究报告显示，使用 Windows7 系统的电脑平均要比 XP 系统节约 25%的能源损耗，因此可以使电池工作更长的时间。在 Windows7 中可以打开电源选项，定制属于自己的电源计划，以达到最佳的节电效果。

16. 为什么电脑降频可省电?

中央处理器（CPU）是电脑里的“耗电大户”之一，降低其功耗是电脑节电的主要途径。有些公司推出的 CPU 降频节能技术软件，就是降低 CPU 功耗的节电方案之一。

很多时候，家庭用户使用电脑大多为上网、聊天、打字等常规操作，因此对 CPU 性能的要求并不是很高。在这样的前提下，如果在空闲的时候适度降低 CPU 的性能，那么就可以达到节约电能的目的。

据悉，CPU 降频节能技术软件是通过降低倍频的方式来降低主频和电压的，而当任务处理量提高时，还可以自动把主频提升到原来的水平，这样不仅降低了 CPU 的耗电量，同时也降低了处理器的温度。CPU 的倍频（倍频系数）是指 CPU 的核心工作频率与外频之间的比值，降低倍频可以使 CPU 的主频下降。

如果正在上网或播放音乐，降频既能使 CPU 的直接功耗降低，又能降低其发热量，从而使系统风扇变得更加缓慢，耗电量有所降低。

17. 如何才能延长笔记本电池的使用寿命？

使用可充电电池是笔记本电脑的优势之一，从而赋予了笔记本电脑的移动性和便携性特点。那么，如何使用和维护电池才能延长其使用寿命呢？

① 对于锂电池来说，应尽量避免等电池电量消耗尽后再充电的做法，因为这样往往会对电池造成一定的损害。一般在电量剩余 20%～30%时进行充电比较合适。

② 笔记本电池最适宜的工作温度为 20℃～30℃，操作环境温度过高或过低都将降低电池的使用时间。同时，电池应当在比较干燥的地方进行充电，另外还要注意发热问题，这是电池的大敌。

③ 在使用电池进行供电的时候，应尽量移除或者关掉一些不需使用的设备，如蓝牙、SD 卡、红外端口、USB 接口设备、无线网卡等，并避免启用比较大的 3D 程序、游戏等，以减少不必要的电池消耗。

④ 当接上外部电源后，电池可拔也可不拔。在连接直流电源的同时不拔除电池，对电池并没有任何伤害，因为当电池电力充满之后，电池中的充电电路会自动关闭，所以不会发生过充的现象。但是当笔记本电脑高速运转时，由于内部过热可能会对电池造成影响，最好能把电池移除。

18. 如何使用移动硬盘能省电?

目前，市场上已经推出了具有省电模式创新设计的移动硬盘，因此可以节约更多的电能，并且产品寿命也会更长。有些移动硬盘具有独特的省电模式，进入省电模式实际上就意味着硬盘电机已经停转了。如果有 5 分钟的闲置，机器就会自动进入待机模式，这样就可以减少移动硬盘的耗能了。

有些移动硬盘的省电模式需要自行设置，如果使用移动硬盘时间比较长，可以设置 15 分钟后进入省电模式。但是，由于电机从停转恢复到常速运行需要一点时间，所以从省电模式恢复到正常模式大约需要一两秒的时间。如果偶尔用一次移动硬盘，并且每次插上不超过 1 小时，就没必要设置省电模式了，免得再次启动时还得等待一段时间。

使用移动硬盘，最好是即用即插，避免长时间连接电脑而耗费太多的电能。不过，在使用完移动硬盘之后，一定要先使用任务栏中的“安全删除设备”功能，退出设备连接后再拔出硬盘，否则就有可能产生坏道。

19. 在什么情况下应关闭手机?

从节能的角度看，在没必要开机的情况下关闭手机，可以达到节约电能的目的。

① 在网络盲区的地方应关机。在通信网络无法覆盖的地方，网络信号比较弱，甚至根本接收不到信号，这时开机也是白白浪费电能。

② 晚上睡觉时应关闭手机。一般在晚上睡觉时不用接打电

话，因此没必要彻夜开机。在晚上睡觉时及时关机，不仅可以减少手机待机时间，而且可以减少手机辐射。

③ 在家休息时也应关闭手机。在家休息时可把手机关掉，用呼叫转移的方法接到家中的固定电话上，这样也可以节电。

20. 在什么情况下应尽量少用手机?

① 在密封环境中要尽量少用手机。在密封性能比较好的室内环境中（或地下室），应尽量少用手机进行通话。因为在密闭的室内环境中，手机需要开启更多的功能来确保信号正常，这样在穿越天花板和墙壁等障碍物时就会消耗更多的功率，因此也会耗费更多的电能。在网络信号较弱的地方也应尽量少用手机。

② 在恶劣天气中要尽量少用手机。在刮风下雨等恶劣天气条件下，利用手机通信往往会消耗更多的电能。我们知道，手机在工作时是通过无线通信微波与手机通信基地台联系的。在恶劣天气条件下，手机不得不通过加大功率的办法来保证信号的正常传送。而功率加大的直接后果就是导致手机耗电量的增大。

③ 在乘车途中也应尽量少用手机。无论是乘坐汽车还是火车，乘客使用手机通话都会消耗更多的电能。原来，手机在通话过程中，也会随着乘客从一个地方驶向另一个地方，对于网络来说则从一个网络结点移向另一个结点。此时，手机便会不断地搜索，以尽快连接到新地区的通信网络。在这样的情况下，手机电池就会以惊人的速度消耗电能。

21. 如何进行手机设置能省电?

① 安静场合选择短铃提醒功能。一般手机都具有长短两种

电话铃声的功能设置，在安静的场所或干扰很小的环境中使用手机时，可以选择较短的电话铃声设置，这样在电话打进来时可以节电，同时又可以减少手机铃声对环境的干扰。

② 在室内可以调低铃声音量。同时，关闭振动提示功能，则可以最大限度地节约电能。

③ 春冬季节最好用振动。由于春冬季节气温比较低，人们衣服穿得比较厚实。在户外活动时即便携带着手机，有电话打进来时往往也听不到铃声。这样一来，来电时手机长时间响铃就会无端地浪费了电能。在这样的情况下，把手机设为振动可以节电。关掉手机键盘音也是一种节电方式。

④ 合理调节手机的背景灯。在使用手机的时候，要尽量关闭液晶显示屏和按键的照明功能，缩短节电保护等待时间和背景灯时间，这样可以达到节电的目的。在夜长昼短的季节，应尽量在明亮或有光线的地方使用手机，可选择关闭显示屏或手机按键的照明功能，以减少电量消耗。

⑤ 合理设定自动关机时间。用户应根据自己的使用需要，合理设定自动关机时间，以避免不必要的能源浪费。每天晚上定时关机，早上定时开机，这样不仅可以节电，而且可以延长电池的使用寿命。

⑥ 尽量选择非连续性发射省电模式。对于数字手机来说，大部分机型都具备 DTX 非连续性发射省电模式。将数字手机省电模式设置为非连续性发射省电模式，最多可以延长通话时间的30%～50%。选择 DTX 省电模式，当手机处在暂时不通话状态时，可降低手机发射电波的功率。

22. 为什么要尽量限制一些手机功能？

现在手机的功能很多，有些功能是必需的，而有些功能是可有可无的，就是说这些功能的重要程度是不同的。要知道手机中的每一项功能，都需要消耗电量。为了节省有限的电池电量，最好少用那些不太重要的功能。

① 尽量减少手机翻盖的次数。对于折叠式手机来说，反复打开和关上手机翻盖，就会加大手机的耗电量。因此，可尽量使用耳机接听电话，以减少翻盖的次数。

② 尽量减少使用手机摄像头。大多数手机都拥有摄像头功能，一般在拍照的时候需要打开补光灯，这样就会消耗大量的电能。

③ 尽量减少上网的频度。利用手机上网玩游戏，往往需要很长的时间，因此会消耗大量的电能。所以，应尽量减少上网的频度，以延长充电周期。

④ 尽量少听手机音乐。用手机听音乐是比较耗电的，想听音乐不妨使用随身听更好些，而且也比较省电。

知识衔接

手机通话时的耗电量

手机在接打电话时被称为通话状态，在等待状态时被称为待机状态。手机在通话状态下消耗的能量要比待机时大得多，具体耗电多少则受许多因素的影响。

① 手机的质量直接影响手机的耗电水平。在手机发射功率相同的情况下，质量好的手机因效率高而耗电较小。

② 与手机和基地台的距离有关。基地台根据接收手机信号的强度，指示手机加大或减小发射功率。

③ 通话时声音的大小也会影响手机的耗电量，并会影响到手机的通话时间。

23. 如何走出锂电池充电的“误区”？

① 有人认为新锂电池第一次充电必须超过14小时，以后只要充满就行了。其实对于新买的手机锂电池，一次充电激活还是远远不够的。虽然锂电池没有记忆效应，但具有很强的“惰性”，在充分激活的基础上才能发挥其最佳效能。一般需要3～5次的长时间充电（大于14小时），才能充分激活锂离子的活性。

② 有人认为锂电池在完全没电时充电效果最好，其实这样的说法是不正确的。对于镍镉电池来说，由于其具有记忆效应，所以在充电前必须保证电池完全没电，这样才能保证充电效果。而锂电池是没有记忆效应的，在充电前不需要专门进行放电，更何况放电不当反而会损坏电池。

③ 有人认为锂电池在充电过程中接打电话不要紧，其实这样的做法是不科学的。开着手机为电池充电，往往会影响手机的使用寿命。原来，手机电池在充电过程中，手机的电路板会发热。如果此时再接打电话，那么很有可能产生瞬间回流电流，非常容易造成手机内部器件的损坏。所以，在电池充电时应提前关闭手机。

④ 有人认为手机充电时间越长越好，其实这种说法是不科学的。在充电时应尽量以慢充的方式进行充电，但也不是说充电时间越长越好。当电池充满电后就应迅速拔掉充电器电源，这样有利于延长电池的寿命。对于没有保护电路的电池来说，如果在电池充满后继续充电，那么电池就会消耗能量并因发热或过热而影响其性能。对于一些伪劣的电池来说，长期过充还有可能发生爆炸现象。

⑤ 有人认为手机充电器是通用的，其实锂电池必须使用专用充电器。由于锂电池的电极结构对充放电的电压要求非常严

格，要求采用恒流恒压（CC/CV）的充电模式。而一般的非对应锂电池的充电器则不能满足锂电池的充电要求，所以锂电池必须选用专用充电器，否则，锂电池可能会达不到饱和状态，从而影响其性能的发挥，甚至还会缩短电池的使用寿命，并有可能发生其他危险。

24. 如何延长手机电池的寿命?

① 不要将电池暴露在高温或严寒环境中。一般来说，手机电池的适应温度为10℃～40℃，在过冷或过热的环境中使用，则不利于手机电池发挥出最大效能，并且还会减少电池的使用寿命。在盛夏酷暑，不要把手机放在烈日下曝晒，也不要放到空调房中冷气直吹的地方。

② 不要等电池耗尽自动关机时才充电。锂电池没有记忆效应，在使用过程中可以随时充电，这样可以延长电池的使用寿命。切忌用手机打电话直到自动关机，这样对电池的损害很大，并且减少电池的使用寿命。

③ 尽量避免手机提示电量不足时才开始充电。一般来说，当电池剩余电量在50%以上就充电，是有利于锂电池保养的。最好是在室温下进行充电，并且不要在手机上覆盖任何东西。同时，也应注意不要进行过充。如果出差在外，应尽量使用更大容量的电池或者移动电源。

④ 手机电池都存在自放电，不用时镍氢电池每天会按剩余容量1%左右放电，锂电池每天会按0.2%～0.3%放电。长期不用时应让电池和手机分离。如果手机关机时间超过7天，应将手机电池完全放电，充足电后再使用。

25. 如何使用数码相机能节电?

如今，数码相机开始走进普通家庭，从而成为了人们十分喜欢的数码产品。然而，数码相机耗电量很大，有时好不容易找到一个取景点，相机却突然提示没电了。因此，数码相机节电就成为人们十分关心的问题。那么数码相机节电应注意哪些问题呢？

① 合理使用闪光灯。闪光灯的耗电量是很大的，在其工作的瞬间需要相机电池提供很大的电流，因此合理使用闪光灯对节电具有重要的意义。在某些情况下，用户可以选择禁用闪光灯，通过适当调节感光度和曝光组合来达到正确曝光的效果。

② 适当使用屏幕回放。在拍摄过程中，用户应尽量减少使用图片回放功能，这样可增加数码相机的待机时间。此外，现在的数码相机屏幕大都可以设置自动关闭的时间，用户应尽量将自动关闭时间调得短一些，这样可以更有效地节约电能。

③ 尽量少用连拍和摄像功能。因为数码相机的连拍和摄像功能需要消耗很多的电能，所以用户如果没有特殊的需要，应尽量减少对这些功能的运用。

④ 按需使用脸部识别和防抖功能。启动脸部识别功能后，相机就会自动追踪和搜索人脸部位，而使用防抖功能可以有效提升拍摄的成功率。但是，启动脸部识别功能和防抖功能，往往会消耗大量的电能。因此，用户如果没有特殊需要，应尽量不要开启脸部识别和防抖功能，以达到节约电能的目的。

⑤ 开启节电功能。大部分数码相机具有节电功能，开启节电功能后，只要在一定时间内不对相机进行操作，相机就会自动停止待机。因此，用户合理使用这一功能可以降低电能消耗。

第四章　电视及照明的节能

1. 什么是平板电视机的能效指数？

平板电视机的能效指数是指其能源效率测量值与基准值之比，简称能效指数。

其中，能源效率是指平板电视机屏幕的发光强度与平板电视机能耗（开机状态与信号处理能耗之差）的比值，即平板电视机每瓦电能转换为法向光通量的效率，单位为坎德拉每瓦（cd/W）。

开机功率是指平板电视机在开机状态下测得的有功功率，单位为瓦（W）。

液晶电视机信号处理功率单位为瓦（W），使用 YPBPR 分量接口输入时，PS 取 6W；使用模拟射频接口输入时，PS 取 10W；使用数字射频接口输入时，PS 取 17W。液晶电视机的能源效率基准值为 1.10cd/W。

2. 平板电视机的能效等级是如何划分的？

国家标准《平板电视能效限定值及能效等级》（GB 24850—2010）规定，平板电视机能效等级分为 1、2、3 三个等级，表 4-1 为平板电视机的能效等级表。1 级代表最佳节能效果，2 级是节能产品认证的最低要求，3 级为市场准入等级，这意味着达不到 3 级能效标准的平板电视机将被淘汰。

表 4-1　平板电视机的能效等级

能效指数（EEI）	能效等级		
	1 级	2 级	3 级
液晶电视机能效指数（EEI_{LCD}）	1.4	1.0	0.60
等离子电视机能效指数（EEI_{PDP}）	1.2	1.0	0.60

3. 如何识别平板电视机的能效标识？

平板电视机能效标识包含生产者名称、产品规格型号、能效等级、能效指数、被动待机功率、依据的能源效率国家标准号。

根据液晶电视机和等离子电视机的差异，分别规定了两种产品的能效指标。液晶电视机 3 个等级的能效指数分别为 1.4、1.0 和 0.6，等离子电视机 3 个等级的能效指数分别为 1.2、1.0 和 0.6。

除了工作状态下的能效指数考核之外，为了同国际标准保持一致，我国的能效标准对平板电视机的待机能耗进行了限定。被动待机功率是指平板电视机在被动待机状态测得的有功功率，单位为瓦（W）。

4. 如何看电视才能更省电？

居家看电视，不仅追求完美的视听效果，而且要求更加节能环保。那么，在保证视听效果的同时如何才能更节电呢？

① 在观看电视时音量不要太大。我们知道，电视的音量大小取决于音箱功率的大小，功率越大发出的声音才会越大，因此电视的音量越大其耗电量也就越大。据悉，电视机音量每增加 1W 的音频功率，相应就会增加 3～4W 的能耗。在室内看电视不需要太大的音量就能听清楚，所以我们最好不要把电视的音量开得太大。

② 在观看电视时也不要把电视的亮度调得太高。有人喜欢把电视画面的色彩和亮度调得很高，认为只有这样才能看得更为清楚一些，其实这种做法是不妥的。因为电视画面的色彩和亮度太高，不仅会对视力产生不利的影响，而且会耗费更多的电能。有资料称，电视画面在最亮状态时的耗电量要比最暗状态多50%～60%，这是一个不容忽视的节能细节。合理设置电视画面的亮度，会获得意想不到的节能效果。

5. 晚上看电视开灯好还是关灯好?

晚上看电视时，如果把房间的灯都关掉，那么人们就会感觉电视机屏幕更亮更清晰了。所以，有很多人在晚上看电视时喜欢把房间的灯全部关闭。其实这种做法对眼睛是有害的，因为当电视机屏幕与周围景物明暗程度差别较大时，就会增加眼睛的疲劳程度。

但是，晚上开灯看电视也不是灯光越亮越好。因为在明亮的背景下，电视机荧光屏就会变得灰暗起来，图像的对比度和灰度等级都会下降，从而影响电视的收看效果。长此下去，对眼睛也是有害的。

正确的方法是，在观看电视时可开一盏5W的节能灯，但要注意不要让光线直接照射在屏幕上。在室内开一盏5W的节能灯，适度调整电视机亮度和音量，不仅收看效果好还不容易使眼睛产生疲劳，同时也具有一定的节能效果。节能灯最好不要出现在人们观看电视的视野内，以免分散人们的注意力而产生不必要的刺激。

在白天看电视时，应注意拉上窗帘避光，从而可相应降低电视机的亮度，对节能也是有一定帮助的。

6. 电视机能耗与环境条件有关系吗？

看电视时的能耗高低，其实与环境条件也是有一定关系的。例如，电视机的摆放位置就对电视机的耗电量具有一定的影响。在潮湿和尘土多的环境中放置电视机，可能会因容易引起机内打火或线路老化。所以，一般应将电视机放置在干燥、洁净、通风的地方，并且还要避免阳光的直射。

在关闭电视机冷却一段时间之后，最好给电视机加盖一个防尘罩，这样可防止电视机吸进更多的灰尘。因为电视机内灰尘过多可能发生漏电，不仅增加电耗，还会影响图像和伴音的质量。

彩色电视机的灰尘里含有其他一些有害物质，如果不对电视机进行清洁，那么这些有害物质就会污染周围的空气。家用电器内部积聚的灰尘多了，还会增加内部电子元器件、电路板及散热器的工作负荷，从而增加耗电量，甚至导致电子元件烧坏。

7. 在电视柜上放电视机应注意哪些问题？

在电视柜上放电视机，首先要考虑的就是电视机的摆放高度问题。一般来说，只要人们在看电视时感到舒服，那样的摆放高度就是适宜的。在摆放电视机时，以避免长时间观看电视而发生疲劳为宜。

根据电视机的大小来确定合适的观看距离，在这样的位置坐好以后，如果视觉的中心正好落在电视机的屏幕中心，那么这样的视觉效果是最好的，同时也可以降低人们的视觉疲劳。此时，人们的头部稍微下低，视线也是非常适宜的。

保持电视机良好的通风和散热，也是电视机节能的一个途径。一般来说，在电视机的四周应当留有5～10cm的空间，并要注意机壳四周的通气孔不被遮挡。

8. 液晶电视机的什么模式最省电?

液晶电视机一般都具有多种显示模式，并且在耗电量上存在着较大的差异。以40英寸的液晶电视机为例，在连续开机3小时的情况下，影院模式耗电1092W·h，标准模式耗电1047W·h，起居室模式耗电1386W·h，动态模式耗电1422W·h。由此可见，标准模式最为省电，甚至要比动态模式减少26%的用电量。

有些液晶电视机还可以用遥控器设定为节电模式，因此可以达到节能的效果。

9. 什么是待机能耗?

现在，大多数家用电器在关机状态下也存在能耗现象，人们把这种现象叫作“待机能耗”。具有待机功能的电器有空调器、录音机、吸油烟机、音响、微波炉、洗衣机、手机充电器、电脑、电扇、打印机、电饭锅、消毒柜、电视机、录像机、传真机等。

家用电器的待机功能，一方面为人们提供了方便服务，另一方面也造成了极大的能源浪费。在电源未关闭的情况下，这些家用电器内部的红外线接收遥控电路仍处于待机状态。特别是有些电视机在关机后，显像管仍处于灯丝预热待用状态，因此仍存在一定的功耗。

知识衔接

家用电器的待机能耗

对于具有待机功能的家用电器来说，减少其电能消耗的最好方法是不用时及时关机并拔掉电源插头。

部分家用电器的待机能耗

电器名称	每天待机/小时	月耗电量/度	电器名称	每天待机/小时	月耗电量/度
21 英寸电视机	20	4.22	34 英寸电视机	20	9.50
DVD 机	22	9	组合音响	22	17.43
台式音响	22	0.94	无绳电话	24	3.17
传真机	24	10.14	手机旅行充电器	20	1.06
17 寸电脑显示器	20	8.71	电脑主机	20	1.85
电脑音响	20	4.88	打印机	23	4.55
饮水机	23	4.07	微波炉	23	3.80
电磁炉	23	12.14	洗衣机	20	0.21

10. 为什么不要使用遥控器关闭电视机？

目前，许多家庭都习惯使用遥控器来关闭电视机，其实这是一个使用误区。可能有许多用户还不清楚，遥控器不会把电视机的电源关闭。用遥控器关闭电视，机器仍处于待机状态，因此也是需要耗电的。这样就会出现电能的浪费现象，因此应当走出这个使用上的误区。

但是，开关电视机也不宜采用插拔电视机插头的方法，因为在插进或拔出电源插头时，可使电路中的电流时断时续，从而引起瞬间的电流冲击，极易损坏电视机内部的组件。正确的开关电源步骤是看完电视节目后，先用遥控器关掉电视机开关，然后拔掉电视机的电源插头。这样就能避免待机状态下的无谓耗电了。

知识衔接

平板电视机被动待机功率限定值

平板电视机在被动待机状态测得的有功功率叫作被动待机功率，单位为瓦（W）。平板电视机被动待机功率限定值如下表所示

平板电视机被动待机功率限定值

生效时间	2012 年 1 月 1 日之前	2012 年 1 月 1 日及之后
被动待机功率/W	≤1.0	≤0.50

11. 如何延长电视机的寿命?

如何延长电视机的寿命，是广大用户十分关心的问题。我们只需了解延长电视机寿命的方法，并做好电视机的日常维护，就能达到延长电视机寿命的目的。

① 在日常使用时，应注意不要使显像管受到震动和碰撞。在电视机工作时或刚关机时不要用湿冷的抹布擦拭显像管，以防发生显像管爆炸。避免阳光直射荧光屏。阳光曝晒不仅影响收看效果，而且会使荧光粉老化，进而缩短其使用寿命。

② 不要经常挪动电视机，尤其在收看节目时不要随意挪动，因为这样容易损坏显像管的灯丝。另外，电视机周围不宜放置收音机、录音机、音箱等有强磁场的物品，也不宜放置取暖器等散

热型电器，它们会影响电视机散热。

③ 在收看电视节目时应尽量采用低亮度，这样有利于防止显像管过早老化。如果在收看节目时需中途暂停，可采取将亮度和声音调低的办法，收看时再调高。不要频繁地开关机，否则对显像管及其他电子元件很不利。因为每次开机的瞬间会产生浪涌脉冲电压，会加速显像管的老化。

④ 注意保持电视机的干燥度。现在电视机技术含量很高，潮湿的环境可以对电视机造成很大的损伤。所以，即使长时间不看电视，也最好定期开机通电，让显示器工作时产生的热量将机内的潮气驱赶出去。

⑤ 避免划伤和撞击液晶屏幕。液晶显示屏非常脆弱，直接碰触或撞击很容易造成细小损伤。如果发现屏幕上有灰尘，用微湿的软棉布轻拭即可。需注意的是，切忌将清洁剂直接喷到屏幕表面。

⑥ 不要擅自拆卸修理，以防对人体造成伤害。另外，擅自拆开电视机也会导致售后服务失效。

⑦ 不要长时间显示静止画面，否则容易出现坏点。

12. 什么是电光源的光效？

在当今能源短缺的时代，节约的意义非同一般。对于照明来说，节约意味着用较少的能源实现既定的照明目标，同时也为低碳经济做出贡献。那么，衡量电光源能量利用效率的指标是什么呢？一般用“光效”来表示。

所谓“光效”就是发光效率，即电光源每瓦电功率发出的光能量（俗称光通量），单位可用流明每瓦（lm/W）表示。因此，“光效”是评价电光源用电效率最主要的技术参数。电光源每瓦电功率发出的光通量越多，光效就越高，亮度也就越高，节约的电能也就越多。

13. 节能灯的能效等级是如何划分的?

据估计，我国每年照明用电约占总发电量的11%左右，因此照明耗电量是相当可观的。随着照明领域的技术进步和市场发展，我国于 2003 年发布实施了《普通照明用自镇流荧光灯能效限定值及能效等级》(GB 19044—2003)和《普通照明用双端荧光灯能效限定值及能效等级》(GB 19043—2003)。为国家实施能效标识制度、开展节能产品认证、推进逐步淘汰白炽灯行动、加快节能灯推广等提供了有力支撑。

《普通照明用自镇流荧光灯能效限定值及能效等级》适用于额定电压 220V、频率 50Hz 交流电源，标称功率为 60W 及以下，采用螺口灯头或卡口灯头，在家庭和类似场合普通照明用的，把控制启动和稳定燃点部件集成一体的自镇流荧光灯，不适用于带罩的自镇流荧光灯。

普通照明用自镇流荧光灯简称自镇流荧光灯，是含有灯头、镇流器和灯管并使之为一体的荧光灯，这种灯在不损坏其结构的情况下是不可拆卸的。自镇流荧光灯是我们通常所说的“节能灯”的主要成员。节能灯能效等级分为 1、2、3 三级，表 4-2 为自镇流荧光灯的能效等级表。其中 1 级能效最高。各等级的光效值应不低于表 4-2 的规定。

表 4-2　自镇流荧光灯的能效等级

(GB 19044—2003)

标称功率范围/W	初始光效/(lm/W)					
	能效等级（色调：RR、RZ）			能效等级（色调：RL、RB、RN、RD）		
	1	2	3	1	2	3
5～8	54	46	36	58	50	40

续表 4-2

标称功率范围/W	初始光效/（lm/W）					
	能效等级（色调：RR、RZ）			能效等级（色调：RL、RB、RN、RD）		
	1	2	3	1	2	3
9～14	62	54	44	66	58	48
15～24	69	61	51	73	65	55
25～60	75	67	57	78	70	60

注：初始光效——自镇流荧光灯初始光通量与实测功率的比值，单位为流明每瓦（lm/W）。

知识衔接

电光源色温、色调及符号

色温在照明光学中是用于表示光源光谱质量的一个通用指标，具有极其严格的定义和测量标准。色温是按照绝对黑体定义的，光源的辐射在可见区和绝对黑体的辐射完全相同时，此时黑体的温度就称此光源的色温。色温的单位用“K”表示，K 代表的就是绝对温度，或称开尔文温度（K＝℃ + 273.15）。对于气体放电光源来说，由于它们一般为非连续光谱，在实践中通常采用相关色温来近似描述气体放电光源的颜色特性。

色调是由物体反射的光线中以哪种波长占优势决定的，不同波长产生不同颜色的感觉。由于颜色实际上是一种心理物理上的作用，因此色调只是代表了色彩外观的基本倾向，但却决定了颜色本质的根本特征。色调可分为暖色、冷色及中间色：暖色包括红色、橙色、黄色；冷色包括绿色、蓝色、黑色；中间色包括灰色、紫色、白色。

从色温的角度看，色温只是用来表示颜色的视觉印象。一般来说，色温愈高光色愈偏蓝，通常称为“冷光”；色温愈低则光色愈偏红，通常称为“暖光”。冷色光又叫日光色，其色温在5300K以上，其光源接近于自然光；中性色光又叫冷白色光，其色温在3300K～5300K，其光源发出的光线非常柔和；暖色光的色温则在3300K以下，给人以温暖、健康、舒适的感受。

电光源色调及其符号

色　调	符　号	对应的色温/K
日光色	RR	6500
中性白色	RZ	5000
冷白色	RL	4000
白色	RB	3500
暖白色	RN	3000
白炽灯色	RD	2700

14. 如何识别自镇流荧光灯的能源效率标识?

自镇流荧光灯的能效标识为蓝白背景的彩色标识，标识包括以下内容：①生产者名称（或简称）；②产品规格型号；③能效等级；④初始光效（lm/W）；⑤标称功率（W）；⑥色调；⑦依据的能源效率国家标准编号。

15. 双端荧光灯的能效等级是如何划分的?

双端荧光灯是一种传统的照明光源，简单来说是指带有两个

独立灯头的直管形荧光灯，全称为普通照明用双端荧光灯。双端荧光灯主要应用在学生教室等较为朴素的地方，而单端荧光灯在一般家庭使用较多。

《普通照明用双端荧光灯能效限定值及能效等级》规定了双端荧光灯的能效等级、能效限定值、节能评价值等，适用于标称功率在 14～65W 范围内，采用交流电源频率带启动器的预热阴极双端荧光灯及采用高频工作的预热阴极双端荧光灯。

双端荧光灯能效等级分为 1、2、3 三级，表 4-3 为双端荧光灯的能效等级表。其中 1 级能效最高。各等级产品的初始光效值应不低于下表的规定。

表 4-3　双端荧光灯的能效等级

（GB 19043—2003）

标称功率范围/W	初始光效/（lm/W）								
	能效等级（色调：RR、RZ）			能效等级（色调：RL、RB）			能效等级（色调：RN、RD）		
	1	2	3	1	2	3	1	2	3
14～21	75	53	44	81	62	51	81	64	53
22～35	84	57	53	88	68	62	88	70	64
36～65	75	67	55	82	74	60	85	77	36～65

16. 什么是单端荧光灯的能效限定值及节能评价值?

根据《单端荧光灯 性能要求》（GB/T 17262—2011）中的定义，单端荧光灯是一种具有单灯头的装有内启动或使用外启动装置并连接在外电路上工作的荧光灯。

《单端荧光灯能效限定值及节能评价值》（GB 19415—2003）

规定了单端荧光灯的能效限定值、节能评价值等。表 4-4 为单端荧光灯的能效限定值，同时要求在点燃 2000 小时后，其光通维持率不应低于 80%。表 4-5 为单端荧光灯的节能评价值表，同时要求在点燃 2000 小时后，其光通维持率不应低于 82%。

表 4-4　单端荧光灯的能效限定值

（GB 19415—2003）

灯 的 类 别	标称功率/W	最低初始光效/（lm/W）	
		RR、RZ	RL、RB、RN、RD
双管、四管、多管和方形	5～7	41	44
	9、10、13	50	54
	11（双管）	67	72
	16～26	56	60
双管、方形	28	62	66
多管		54	58
环形	22	44	51
	32	48	57

表 4-5　单端荧光灯的节能评价值

（GB 19415—2003）

灯的类别	标称功率/W	最低初始光效/（lm/W）	
		RR、RZ	RL、RB、RN、RD
双管、四管、多管和方形	5～7	51	54
	9、10、13	60	64
	11（双管）	74	80
	16～26	62	66
双管、方形	28	69	73
多管		64	68
环形	22	58	62
	32	68	72

17. 荧光灯照明线路由哪几部分组成?

荧光灯又叫日光灯，是一种应用比较普遍的照明灯具。荧光灯照明线路主要由灯管、辉光启动器、启辉器座、镇流器、灯座、灯架等组成，如图 4-1 所示。

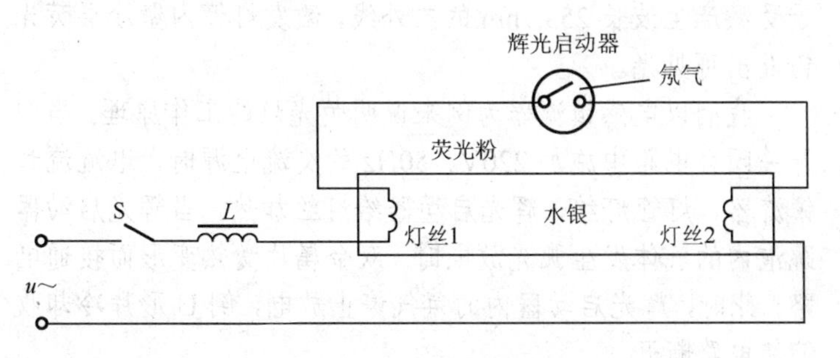

图 4-1　荧光灯照明线路

① 灯管：由玻璃管、灯丝、灯头、灯脚等组成。灯管有直线形、环形、U 形等多种形式，主要作用是把电能转化为光能。玻璃管内被抽成真空后充有少量氩气和适量水银等物质，管壁上涂有一层薄而均匀的荧光粉。

② 辉光启动器：由氖泡、纸介质电容器、出线脚、外壳等组成，主要作用相当于一个自动开关。氖泡内有动触片和静触片，其中动触片为一个呈倒 U 形的双金属片，在受热时双金属片膨胀伸展使动触片和静触片接触。

③ 镇流器：有电感镇流器和电子镇流器之分。镇流器在电路中有两个主要的作用：一是在灯丝预热时限制灯丝所需的预热电流，防止预热电流过大而烧断灯丝，保证灯丝电子的发射能力；二是在灯管启辉后，维持灯管的工作电压和限制灯管的工作电流在额定值之内，以保证灯管的稳定可靠工作。在选用镇流器时，

应注意选购与灯管功率及辉光启动器规格相符的镇流器。

知识衔接

荧光灯的工作原理

原来，荧光灯是一种充有氩气的低气压汞蒸气的气体放电灯，它是通过引燃灯管内稀薄汞蒸气进行弧光放电，汞离子受激产生波长253.7nm的紫外线，激发灯管内壁涂层荧光粉发出可见光。

我们以电感镇流器为例来说明荧光灯的工作原理。当向开关闭合电路中施加220V、50Hz的交流电源时，电流流过镇流器、灯管灯丝、辉光启动器给灯丝加热。当辉光启动器跳泡内的气体发生弧光放电时，双金属片受热变形而接通电路。此时，辉光启动器内的氖气停止放电，倒U形片冷却收缩使电路断开。

在电路突然断开的瞬间，在镇流器两端产生一个比电源电压高得多的感应电动势，该感应电动势与电源电压串联后加在灯管两端，使灯管内惰性气体被电离而引起弧光放电。随着灯管内温度的升高，液态汞汽化游离，引起汞蒸气弧光放电而发出肉眼看不见的紫外线，紫外线激发灯管内壁的荧光粉后，就可以发出近似日光的可见光了。

18. 为什么要逐步淘汰白炽灯?

在“十二五”开局之年，我国发布了逐步淘汰白炽灯的路线图。从2012年10月1日起，我国将禁止进口和销售100W及以上的普通照明白炽灯。此后，白炽灯将有步骤地淡出人们的生活。那么，为什么要逐步淘汰白炽灯呢？

原来，在低碳文明时代，白炽灯不具有任何竞争优势。在目前所有的电光源当中，白炽灯的能源利用效率最低。白炽灯在工作过程中并不是直接把电能转变成光能，而是首先把电能转变成热能，再把热能转变成光能，从而为我们带来温暖和光明。因此，大部分白炽灯的能量利用率不超过10%，而其他90%以上的电能则被转化为热能损耗掉了。正是由于白炽灯这种特殊的发光机理，才使其面临着被淘汰的境遇。

19. 家庭照明如何选择节能光源?

合理选用电光源，是实现照明节电的关键。在节能电光源不断涌现的今天，我们应当根据照明光源的特点和应用场合进行合理选择。

在一般情况下，可考虑用气体放电光源替代热辐射光源，并尽可能选用光效高的气体放电光源。据悉，荧光灯比白炽灯节电70%，适用于在办公室、宿舍及顶棚高度低于5m的车间等场合应用。紧凑型荧光灯发光效率比普通荧光灯高5%，细管型荧光灯比普通荧光灯能节电10%。

高亮度LED节能灯是继紧凑型荧光灯之后的新一代照明光源。近年来，LED节能灯正走进家庭普通照明领域，但目前尚没有达到普及的程度。不过，随着LED节能灯技术的成熟和成本的下降，LED节能灯必将成为家庭照明的主角。

20. 节能灯具有哪些优势?

在应对气候变暖的形势下，节能灯被认为是取代白炽灯的首选电光源。那么，节能灯具有哪些优势呢？

① 光效高，是节能灯的主要优势之一。节能灯的发光效率大约比普通白炽灯提高了5～6倍。例如，一个11W节能灯的光通量与一个60W普通白炽灯基本相当，因此要达到相同的照明效果，使用节能灯可以节约80%以上的电能。

② 寿命长，也是节能灯受推崇的因素之一。普通白炽灯的额定寿命为1000小时，而节能灯（紧凑型荧光灯）的寿命一般都在5000～8000小时。节能灯的寿命由两部分组成，一个是灯管的寿命，另一个是电子镇流器的寿命。

③ 显色好，也是节能灯受欢迎的重要条件。节能灯由于采用了稀土三基色荧光粉，因此它的显色指数大约80，这要比普通日光灯的显色性好得多。

④ 互换性。节能灯采用与普通白炽灯基本相同的灯头规格设计，因此用节能灯取代传统的白炽灯不存在衔接方面的障碍，这是节能灯能够获得大规模推广的重要基础。同时，节能灯小巧美观，容易被消费者接受和应用。

知识衔接

推广节能灯的环境效益

推广高效照明光源，终结白炽灯时代，是顺应人类绿色文明潮流的重要举措。由白炽灯引领的电光文明，并不会因为白炽灯时代的结束而告终，以节能灯和LED灯为代表的新型电光源正在续写电光文明的新辉煌。

要达到与白炽灯相同的照明效果，节能灯只需要白炽灯所需能量的20%就够了。如果平均每家使用一只节能灯替代普通白炽灯，那么我国每年就可以减少450万吨煤的燃烧和8.8万吨硫的排放。如果把现有的普通白炽灯全部更换成节能灯，那么我国一年可节电650多亿度，接近于三峡水电站全年的发电量。

21. 如何识别节能灯的“身份”？

我国的荧光灯种类很多，并且在灯管上印有各种各样的字母和数字标志。这些字母和数字标志符号包含荧光灯的种类、玻管直径及色温等重要信息，因此了解这些方面的相关知识对于正确选购和使用荧光灯具有重要的意义。

表示荧光灯种类的符号：YDN——单端内启动荧光灯；YDW——单端外启动荧光灯；YPZ——普通照明用自镇流荧光灯；YZ——普通直管型荧光灯；YK——快速启动型荧光灯；YS——瞬时启动型荧光灯；YG——高频荧光灯；YH——环形荧光灯。

示例：YZ36RR26——管径为 26 mm，功率为 36W，日光色普通直管型荧光灯；YK20RN32——管径为 32mm，功率为 20W，暖白色快速启动荧光灯；YDN9-2U•RR——9W2U 型日光色单端内启动荧光灯；YDW16-2D•RN——16W2D 型暖白光单端外启动荧光灯。

知识衔接

表示荧光灯玻管直径的符号

TX——玻管直径（其中：T 表示管型玻管，X 表示玻管直径）。

原来，T 是英文 tube 的第一个字母，表示“管状”的意思，后面的数字 X 则表示 1/8 英寸的倍数。例如：

T8 荧光灯表示直径为 1 英寸（8×1/8 英寸）的管型荧光灯，其直径折合成国际单位制为 25.4mm。

T5 荧光灯则表示直径为 0.625 英寸（5×1/8 英寸）的管型荧光灯，其直径折合成国际单位制为 16mm（0.625×25.4mm）。

同理，T12 荧光灯对应的直径为 38.1mm，T10 荧光灯对应的直径为 31.8mm，T4 荧光灯对应的直径为 12.7mm，T2 荧光灯对应的直径为 6.4mm。

从理论上讲，荧光灯灯管越细其光效越高，但灯管越细其启动就越困难，因此在实践中需要权衡利弊。

22. 为什么说 LED 节能灯既节能又环保？

相比普通的节能灯，LED 节能灯更加节能和环保。原来，LED 节能灯作为一种新型光源，是一种可以把电能直接转换成光能的半导体器件，其电光转换效率可达 90%以上。据悉，LED 节能灯无须灯丝加热，因此在产生相同亮度的情况下消耗的电能最少。一般来说，达到同样的照明效果，LED 节能灯耗电量是白炽灯的 1/10，是荧光灯的 1/4。

在 LED 节能灯产生的光线中，含有的紫外线和红外线很少，并且由于 LED 节能灯为直流驱动，没有“频闪”现象，因此属于保护视力的健康光源。同时，LED 节能灯不含汞和氙等有害元素，可全部回收利用。

23. 为什么荧光灯管的管径越细越节能？

近年来，荧光灯管的管径呈现出越来越细的趋势。据悉，荧光灯管的管径越细，其光效就越高，因而节电效果也就越好。

例如，T8 荧光灯要比传统的 T12 荧光灯节电 10%，而 T5 荧光灯又要比 T8 荧光灯光效更高一些。像 28W 的 T5 荧光灯，其光效大约比 T12 荧光灯提高了 40%，比 T8 荧光灯大约提高了 18%。

在 20 世纪 40 年代，荧光灯的灯管直径为 38mm（T12），长度为 1.2m，灯的发光效率比白炽灯提高了 4 倍，这无疑是一个历史性的进步。然而，由于受到当时卤磷酸钙荧光粉的限制，发光效率提高是十分有限的。

稀土三基色荧光粉的诞生，为提高荧光灯的光效扫除了障碍。三基色荧光粉的光转换效率比卤磷酸钙荧光粉高 15%，显色指数大于 80，而且抗波长为 185nm 的紫外线能力强，因此在细管径荧光灯中得到了广泛应用。

知识衔接

荧光灯管的管径与点燃电压

一般来说，荧光灯管的管径越细，启辉点燃电压就越高，因此对镇流器技术性能提出的要求也越高。

对于管径大于 T8（含 T8）的荧光灯管，启辉点燃电压较低，可以采用电感式镇流器，进行启辉点燃运行。对于管径小于 T8 的荧光灯管，启辉点燃电压较高，必须匹配电子式镇流器，进行启辉点燃运行。

24. 如何选用直管型荧光灯?

科学选用直管型荧光灯，包括荧光灯管和镇流器两个部分的选择。

① 选用直管型荧光灯，应注意选用细管径、高光效的三基色荧光灯管，如 T6、T5、T4 三基色荧光灯管，从而达到节能环

保的要求。

② 选配高频率（40kHz 以上）、高流明系数、技术性能先进的电子镇流器，从而达到节能和无频闪的目的。

③ 注意查看电子镇流器与荧光灯管的技术参数是否匹配，营造一个高效节能、明亮舒适的照明环境。

25. 为什么频繁开关影响节能灯寿命?

使用节能灯不宜频繁开关，否则容易影响节能灯的使用寿命。据悉，节能灯开启时的瞬时电压是正常电压的 2 倍，大约开启 5 分钟后才能正常发光，因此频繁开关会影响节能灯的寿命。

节能灯在开启时的耗电量大约是正常使用时的 3 倍，开关一次节能灯相当于持续点亮 10 小时，因此频繁开关节能灯并不能达到节电的目的。

在开闭频繁、面积小、照明要求低的情况下，可采用白炽灯进行照明。双螺旋灯丝型白炽灯比单螺旋灯丝型白炽灯的光通量增加 10%，可根据需要进行选用。

26. 什么是照明灯具?

照明灯具是我们日常生活中不可缺少的一类电器，包括除光源以外的所有用于固定和保护光源所需的零部件，以及与电源连接所必需的线路附件。照明灯具的功能是为人们提供人工照明，以满足各类场所的照明需求。

照明灯具的品种很多，如吊灯、吸顶灯、台灯、落地灯、壁灯、射灯等，除了具有照明功能外，还具有装饰功能。吊灯一般安装在装饰性要求较高或有局部照明要求的场所，吸顶灯主要用

于没有吊顶的房间，壁灯主要用于局部照明、装饰照明或不适于在顶棚安装灯具的场所。

27. 照明灯具一般由哪几部分组成?

照明灯具一般由灯具主体、反射器、灯罩、电气附件和灯具配件等部分组成。

① 灯具主体：主要用于安装灯管、电气附件、反射器和灯罩等。

② 反射器：主要用作控光和配光，从而使光线达到不同的效果。

③ 灯罩：主要对灯管和电气部件等进行保护，防止水气和异物等进入灯具。

④ 电气附件：可以提供灯管点灯需要的电气连接，包括镇流器、灯座、启动器、触发器等。

知识衔接

照明灯具的作用

关于照明灯具的作用，概括起来有以下几点。

照明灯具的作用

① 固定作用：固定光源，并提供与光源的电气连接，从而保证照明的正常工作。

② 保护作用：保护光源及控制装置，并支撑起全部装配件，与建筑结构件相连接。

③ 安全作用：保证特殊场所的照明安全，如防爆、防水、防尘等。

④ 控制作用：控制光源输出光线的光分布，并防止直接眩光的产生。

⑤ 装饰作用：美化居室环境，从而达到装饰的美学效果。

28. 为什么要选择效率高的照明灯具？

原来，灯具的效率对照明节电具有重要的影响。灯具的效率越高，越利于照明节能。那么，什么是灯具的效率呢？原来，灯具的效率也叫灯具光输出比，是指灯具输出的总光通量与灯具内光源发出的总光通量之比。

我们知道，灯具的主要功能在于合理分配光源辐射的光通量，以满足不同环境条件下的配光要求。如果灯具不能够把光源发出的光通量高效率地发射出来，那么就会降低光源的光利用率，自然就会浪费一部分电能。灯具的效率是衡量灯具利用能量效率的重要标准，与灯具的形状和反射器、透光罩等器件的材料有关。

在选择照明灯具时，应在满足光强分布和限制眩光产生的前提下，尽量选择高效率的照明灯具。一般室内的灯具效率不宜低于 70%，并要求灯具的反射罩具有较高的反射比。对于荧光灯灯具来说，开敞式的灯具效率应高于 75%，配格栅的灯具效率应高于 60%，配透明保护罩或磨砂保护罩的灯具效率应分别高于 65%

和55%。

知识衔接

灯具常用反射材料的反射特性

反射类型	反射材料	反射率/%	吸收率/%	特性
镜面反射	银	90～92	8～10	亮面或镜面材料，光线入射角等于反射角
	铬	63～66	34～37	
	铝	60～70	30～40	
	不锈钢	50～60	40～50	
定向扩散反射	铝（磨砂面、毛丝面）	55～58	42～45	磨砂或毛丝面材料，光线朝反射方向扩散
	铝漆	60～70	30～40	
	铬（毛丝面）	44～45	44～45	
	亮面白漆	60～85	15～40	
漫反射	白色塑料	90～92	8～10	亮度均衡的雾面，光线朝各个方向反射
	雾面白漆	70～90	10～30	

29. 如何利用自然光源减少室内照明负荷?

随着人们生活水平的提高，对室内照明的亮度要求也在逐步提高，因而照明用电的需求量也在急速增长。如何有效利用自然光源，对于节省照明用电具有重要的意义。

目前，家庭居室对于昼光的利用较为普遍，因此已成为节省照明用电的一个重要途径。利用日光照明，应重视建筑朝向及窗口尺寸的设计，以便接收到更加充足的日照量。同时，采用高窗设计、玻璃窗户和淡色窗帘，可获得较充足的自然光源。采用导光板、导光筒等辅助采光措施，也可以达到节能的效果。如果采用自动感知调光控制系统，可节省50%以上的电能。

知识衔接

夜间减少照明负荷小窍门

在夜间，充分利用好人工照明发出的光，具有重要的节能意义。

选择透光性好的灯具，可以减少光的损失。最好不要选择乳白色玻璃罩和磨砂玻璃罩灯具，因为它们的透光性能差，光源的光线通过这类灯具后亮度会大打折扣，自然会浪费电能。如果选用能调节照明亮度的灯具，则可以根据人们对灯光亮度的需要进行调节，因此可以达到节电的目的。

同时，采用白色或浅色装饰有利于表面反射光线，这样可以提高室内墙壁、天棚、地面及家具等物品的光反射率，也有利于照度的均匀分布。至于窗户，可选用不透明或光反射性能好的窗帘或百叶窗，这样可以使室内更加明亮一些。

30. 在选择灯饰时如何坚持节能原则?

目前，市场上的灯饰品种极其繁多，大多强调装饰效果，有些灯饰可以使用节能光源，而有些不能使用节能光源。这就要求我们在选购灯饰时，充分考虑居室的装修风格和能耗需求，力求在装饰效果和节约能源之间寻求一个平衡点。即尽量选择采用节能光源的灯饰，这样既能达到最佳的照明效果，又能起到美化居室的作用。

选择灯饰应本着“大屋用大灯，小屋用小灯”的原则，充分考虑居室的空间大小等因素。例如，灯饰的面积不要大于房间面

积的 2%～3%。20m^2 的客厅，灯饰的直径不宜超过 70cm；30m^2 的客厅，灯饰直径不宜超过 80cm。房间高度在 3m 以下时，不宜选用长吊杆的吊灯及垂度大的水晶灯。如果盲目追求装饰效果，甚至不惜在小居室安装大灯具，那么即便是采用节能光源，同样也会造成电能的浪费。

31. 如何选购节能灯？

节能灯的质量差别很大，科学选购节能灯才能做到既节能又省钱。那么，选购节能灯应注意哪些问题呢？

① 要首选知名品牌。国内外的知名品牌一般都拥有可靠的质量保证体系，并且通过了国家的有关质量体系认证。“3C”认证就是一种评定制度，可以选购通过“3C”认证的品牌。

② 要确认产品包装和标志。在选购时要确认这些产品包装是否完整，是否注明生产厂家、通信地址、联系电话等重要信息。打开包装后，节能灯上也应有一些必要的标志，如电源电压、频率、额定功率、制造商名称及商标等。

③ 要注意结构和性能参数等信息。一般的节能灯多为紧凑型，其插口与白炽灯完全一样，因此可以直接替换白炽灯使用。在选购时尤其要注意功率、光效、色温、显色性等参数。

④ 要注意外观质量。一定要注意观察塑料壳的质量和表面是否光滑，涂粉是否均匀，有无发黑现象，外观上是否有裂缝或松动等问题。再就是看灯头是否有松动脱落，中心焊点是否均匀发亮，晃动节能灯是否有碎碴响动的声音。

⑤ 还应当注意查看有无能效标签。原来，我国对节能灯具已出台了能效标准，平均寿命超过 8000 小时的节能灯产品才可以获得此证。还要考虑电子镇流器的技术参数，因为镇流器是照

明产品中的核心组件，直接影响节能灯的启动性能和节电效果。

知识衔接

合理选择节能灯的功率

一般来说，节能灯的光效要比白炽灯高5倍左右。如果原来的房间使用的是60W的白炽灯，那么现在使用11W或13W的节能灯就能够满足要求了。当然，也可以根据自己实际需要的亮度，合理选择相应功率的节能灯，从而达到照明功能的满足和节能效果的实现。

32. 常见的家庭照明节能控制方法有哪些？

家庭照明节能控制方式有很多种，常见的有光控、声光控、红外控制等。这些照明控制方式不仅可以快速改变照明环境，获得理想的照明效果，而且通过自动控制能够节约电能。

① 光控开关：也称光敏开关，是利用环境光的明暗变化可自动控制照明开关的装置。照明光控开关可根据家庭的具体照明需要，设定通断的环境照度，也可设定通断的延时时间，一般可用于庭院照明灯的自动管理。照明光控开关由光敏电阻、降压整流电路、光电转换电路和驱动控制电路组成。白天，由于环境光线充足，光敏电阻的阻值很小，因此其电压降也很小，不足以导通照明电路；傍晚，当周围照度减弱到所要求的值时，光敏电阻的阻值就会增大，使其电压降也增大，当电压达到一定值时照明电路就会导通而亮灯。

② 声光控开关：是一种利用脚步声、说话声、击掌声等声音使灯点亮的装置，但在亮灯一定时间后又会自动熄灭。这种自

动控制的照明开关，采用的是声、光信号结合的控制方式。在白天环境亮度高的时候，经光敏电阻的作用使电路被封锁，即使有声响灯也不亮。但当环境亮度低的时候，则可以利用人们的脚步声、说话声等声音信号来使灯点亮，亮灯一定时间后可以自动熄灭。一般可用于楼梯和走道等场所照明灯的自动管理。

③ 红外控制开关：有些家庭在客厅或卧室安装了具备红外接收功能的灯具，用户可用手持遥控器在有效范围内开闭照明灯。原来，红外接收器可以接收遥控器发出的红外线信号，从而控制照明灯具的开关。也有采用被动式人体红外感应器来自动开启或熄灭照明灯具的。这种红外感应器一般安装在房间的入口处，当人们出现或离开房间时，该感应器可以将信号延时传给照明灯具，使该灯具开启或关闭。

33. 为什么气体放电灯需要镇流器?

在电光源中，像荧光灯等气体放电灯都具有负电阻特性，因此要使灯管正常工作就应当配以镇流元件（镇流器），用来限制和稳定气体放电灯的电流。

镇流器在气体放电灯点灯线路中的作用，主要是限制灯的启动电流，稳定灯的工作电流，保证灯的一定寿命。如果不限制气体放电的电流，那么其电流将会无限地增大，从而把灯损坏。在气体放电灯的工作电路中，必须要有一个这样的器件。

在早期的气体放电灯中，电感式镇流器发挥了重要作用。20世纪 70 年代，随着世界性能源危机的出现，具有节能潜力的电子镇流器进入科学家的研究领域。到了 70 年代末期，国外厂家率先推出了第一代电子镇流器，这是照明发展史上的一项重大创新。

34. 电子镇流器有哪些优点?

电子镇流器实际上是一个将工频交流电源转换成高频交流电源的变换器，它使用半导体电子元件将直流或低频交流电压转换成高频交流电压，驱动低压气体放电灯等光源进行工作。高性能电子镇流器的优点有以下几个方面。

① 节能。电子镇流器自身的功率损耗仅为电感镇流器的40%左右，而且荧光灯在30kHz左右的高频下，光效将提高20%，工作电流仅为电感的40%左右，并且能够在低温、低压下启动和工作。

② 光效高。电子镇流器是高频激励，使荧光灯的发光效率得以提高。电子镇流器工作频率为25～50kHz，灯管在高频下发光效率比工频高10%，因此提高了灯管的亮度。

③ 无频闪。灯管在30kHz左右工作时，人眼感觉不出“频闪”，因此有利于保护视力。

④ 灯管寿命长。由于电子镇流器无须辉光启动器，因此不被反复冲击和闪烁，不会使灯管过早发黑。

⑤ 功率因数高。由于电子镇流器减少了无功损耗，因此提高了供电设备容量的有效利用率。

知识衔接

照明附件的耗电量

对于气体放电灯来说，照明附件主要是指所用的镇流器，镇流器也是存在功率损耗的，因此同样不可轻视其耗电量。

镇流器有电感镇流器和电子镇流器两大类，不同类型的

镇流器，以及不同功率的镇流器，其自身损耗占灯具功率的比率是有所不同的。传统电感镇流器自身功率的损耗约占灯具功率的20%，节能型电感镇流器自身功率的损耗约占灯具功率的12%，电子镇流器的自身功耗约占灯具功率的3%～10%。

看来，选用电子镇流器或节能型电感镇流器，并采用能效等级高的产品，对于节约用电具有重要的意义。

35. 为什么环境温度也能影响节能灯的光效？

环境温度对节能灯有着较大的影响，如高低温容易使节能灯启动困难、光效降低和寿命缩短等。

例如，在低温条件下，节能灯会出现启动困难和光效较低等现象。当环境温度低于－10℃时，灯管内的汞蒸气气压就会急剧下降，使得气体放电变得非常困难，因此灯管将无法正常启动，甚至某些元器件因承受不了过大的功率而被烧毁。

高温对节能灯的影响也不容忽视。当环境温度高于50℃时，塑料壳内的环境温度将会变得更高，再加上节能灯工作时自身发热导致的温升，节能灯内的电子元器件温度甚至会超过100℃。因此，节能灯长时间工作在这样的环境当中，其内部的元器件将会因高温作用而被烧毁。同时，过高的环境温度也会使节能灯的光输出大打折扣。

所以，应当让节能灯工作在环境温度适宜的场所，从而提高节能灯的光效和寿命。

知识衔接

荧光灯的最佳工作温度

荧光灯的最佳工作温度因种类和管径不同而有所差异。有资料显示，T8荧光灯的最佳工作温度为25℃，而T5荧光灯的最佳工作温度为35℃。即荧光灯在最佳工作温度条件下其发光性能会有最好的表现，否则像功率、光通量及光色等指标都有可能受到影响。

36. 为什么"管中管"节能灯更节能?

管中管节能灯的学名叫自镇流恒温荧光灯，这是一种T8转T5式的新型节能产品，具有节约电能的特点。图4-2为管中管节能灯外形图。

图4-2 管中管节能灯

管中管节能灯采用内外管双管设计，内管为T5灯管，外管为具有恒温、防爆性能的玻璃管，故名"管中管"节能灯。那么，为什么管中管节能灯更节能呢？首先，管中管节能灯采用经过特

殊工艺处理的铝合金双层增光片，能有效提高节能灯的发光效率，从而达到降低实际使用功率的目的。这样一来，要达到同样的照明效果，灯管的实际功率可以从原来的 40W 降低到 25～28W。其次，管中管节能灯可以利用灯管的反射原理，把射向天花板的那部分光反射回来，从而进一步提高了照明空间的照度，这样就达到了更加节电的目的。

用管中管节能灯替换传统的电感式 T8 日光灯，能节省 50%～70%的照明用电；替换 T5 日光灯，则可以节省 40%～60%照明用电。管中管节能灯常见的色温有 2700K（黄色暖光）、3500K、4100K、6500K（白色冷光）、8000K 等，使用寿命是普通 T8 日光灯的 3 倍。